U0337812

"十三五"江苏省高等学校重点教材(编号:2017-2-057)

高等教育"十三五"规划教材

# 相变储能实验与分析

饶中浩　刘臣臻　编著

中国矿业大学出版社

## 内 容 提 要

本书根据作者在相变储能方面的研究成果和研究经验,分别介绍了相变储能材料制备所涉及的常见方法、材料测试常用仪器和原理、热性能分析实验步骤,并结合具体的材料制备、性能测试实验以及计算机模拟实例,对相关内容进行了介绍。

本书可作为能源与动力工程、能源化学工程、新能源科学与工程等相关专业本科生的实验教材或参考书,也可供电力、建筑、化工等领域从事相变储能技术相关的研究人员和工程技术人员阅读和参考。

**图书在版编目(CIP)数据**

相变储能实验与分析 / 饶中浩,刘臣臻编著. —徐州:中国矿业大学出版社,2018.8

ISBN 978-7-5646-3953-2

Ⅰ.①相… Ⅱ.①饶… ②刘… Ⅲ.①相变-储能-功能材料-实验研究 Ⅳ.①TB34-33

中国版本图书馆 CIP 数据核字(2018)第 082608 号

| | |
|---|---|
| 书 名 | 相变储能实验与分析 |
| 编 著 | 饶中浩 刘臣臻 |
| 责任编辑 | 仓小金 |
| 出版发行 | 中国矿业大学出版社有限责任公司 |
| | (江苏省徐州市解放南路 邮编 221008) |
| 营销热线 | (0516)83885307 83884995 |
| 出版服务 | (0516)83885767 83884920 |
| 网 址 | http://www.cumtp.com E-mail:cumtpvip@cumtp.com |
| 印 刷 | 徐州中矿大印发科技有限公司 |
| 开 本 | 787×1092 1/16 印张 9.5 字数 237 千字 |
| 版次印次 | 2018 年 8 月第 1 版 2018 年 8 月第 1 次印刷 |
| 定 价 | 18.00 元 |

(图书出现印装质量问题,本社负责调换)

# 前　言

随着能源短缺和环境污染的日益加剧,相变储能作为一种主要的热能储存技术,其重要性不断得到提升。相变储能具有储热密度大、储热过程温度近似恒定等优点,在太阳能热利用、工业余热回收、建筑热调控和热管理等领域具有广阔的应用前景。相变储能技术的关键在于相变材料,相变材料的物理特性、化学特性以及热物性等参数决定了相变材料的具体应用范围和场合。因此,相变储能材料结构的调控、性能的改进对于进一步促进相变储能技术的发展和应用,具有重要的意义。

相变储能材料在应用过程中涉及的物性参数主要有形貌、结构、相变温度、相变潜热、导热系数、热/化学稳定性等,而材料设计与制备、参数测试涉及的方法繁多,并且与材料、化学、热力学、传热学、流体力学等多个领域交叉,为了满足国内高校、研究院/所以及企业工程技术人员全面系统地了解相变储能材料的制备方法及其性能参数测试与分析方法,我们结合自己课题组多年来的科研工作成果和经验,编写了这本《相变储能实验与分析》。

本书共分为10章。第1章为绪论。第2章围绕相变储能材料的制备,介绍了混合相变材料和相变材料微/纳胶囊的制备方法和原理。第3章和第4章分别介绍了相变储能材料形貌和粒径的测试与分析方法。第5章介绍了复合相变储能材料结构和元素分析的测试与分析手段。第6章至第9章分别介绍了相变储能材料的相变特性、导热系数、热稳定性和储热特性等测试与分析方法。第10章通过数值模拟对相变储能材料的固液相变特性进行了分析。另外,还结合具体的实验,对常用实验仪器、实验步骤进行了介绍并对实验结果的分析进行了简单描述。

本书由中国矿业大学饶中浩教授和刘臣臻博士编写。在编写过程中,博士生赵佳腾、霍宇涛,硕士生刘霞、钱振、王文健、许淘淘、张光通、文一平在文献整理、插图制作、文字校对等方面提供了很大帮助,在此一并表示感谢! 此外,衷心感谢本书参考文献中所列的全体作者!

由于作者时间和水平所限,不妥之处在所难免,敬请读者批评指正。

饶中浩　刘臣臻

2018 年 6 月

# 前　言

# 目　录

# 第 1 章 绪 论

## 1.1 储能与相变储能

在能源短缺和环境污染问题日益加重的形势下,提高煤炭、石油、天然气等化石能源的利用效率以及开发利用新能源,具有重要的现实意义。目前,电力需求昼夜负荷变化较大,易形成巨大的峰谷差,峰期用电紧张,谷期电量过剩,造成能源浪费。另一方面,太阳能、风能及海洋能等新能源和可再生能源发电方式受时间和空间等客观条件的影响,如昼夜、地理位置或者气候条件等的变化会造成发电的不连续,间断的发电方式和持续性用电的需求存在供与求的矛盾;在太阳能的直接热利用方面,如生活热水的需求在时间上有一定的集中性,也容易出现供与求的矛盾;工业余热的回收利用过程,同样也存在能量供求在时间和空间上不匹配的问题。因此,就需要对能量进行储存,即储能。

储能是指采用一定的方法,通过一定的介质或装置,把某种形式的能量直接储存或者转换成另外一种形式的能量储存起来,在需要的时候再以特定形式的能量释放出来。目前,与人类活动密切联系的储能方式主要有热能和电能的储存(即储热和储电),各种储能技术的具体分类如表 1-1 所示。储热有显热储能、潜热储能和热化学储能三种。由于电能是过程性能源,不能直接储存,一般通过化学能、机械能或电磁能的形式储存。

表 1-1 储能技术的分类[1]

| 能量形式 | 具体类型 | |
|---|---|---|
| 储热(热能) | 显热储能 | |
| | 潜热储能 | 相变储能 |
| | 化学储能 | 热化学储能 |
| | | 电化学储能 |
| | | 制氢储能 |
| 储电(化学能、机械能) | 机械储能(物理储能) | 抽水蓄能 |
| | | 压缩空气储能 |
| | | 飞轮储能 |
| | 电磁储能 | 电感储能 |
| | | 超导储能 |
| | | 超级电容器储能 |

潜热储能是利用相变储能材料在发生物相变化时能够吸收或释放大量潜热(如水的比热为 $4.2\ kJ\cdot kg^{-1}\cdot ℃^{-1}$,而水由冰变成液态时的潜热为 $355\ kJ\cdot kg^{-1}$)的特点,将热量储存起来,也称相变储能或相变蓄能(本书统一称相变储能)。相变储能的主要优点是储能过程中相变储能材料的温度几乎保持不变或变化很小、储能密度高、体积小等。物质的相变通常有固—固、固—液、固—气和液—气四种形式。其中,固—气和液—气这两种方式虽然具有较高的相变潜热,但是相变前后物质的体积变化很大,利用难度较大,在实际应用中很少使用。固—固相变是指材料从一种晶体状态转变至另外一种状态,这一过程中可吸收或释放潜热,固—固相变具有体积变化小和过冷度小的优点,但这种相变方式的潜热通常要比其他三种相变方式小很多。固—液相变发生相变时,相变前后体积变化较固—气和液—气小,且相变潜热一般比固—固相变大。因此,目前相变储能的研究和应用,均主要集中在固—液相变方面。

## 1.2 相变储能材料

相变储能材料在储能过程中,其能量的变化可通过自由能差来表达:

$$\Delta G = \Delta H - T_m \Delta S \tag{1-1}$$

式中,$G$ 为吉布斯自由能;$H$ 为焓;$T_m$ 为相变温度;$S$ 为熵。

当达到平衡时 $\Delta G = 0$,此时 $\Delta H = T_m \Delta S$,$\Delta H$ 称之为相变潜热或相变焓。潜热的大小与相变材料及其相变的状态有关,当相变材料的质量为 $m$ 时,相变材料在相变时所吸收或放出的热量为:

$$Q = m\Delta H \tag{1-2}$$

目前可用于相变储能的材料种类较多,按照材料相变温度的不同可分为低温相变材料、中温相变材料和高温相变材料。按照材料化学组分不同可分为有机相变材料、无机相变材料。有机相变材料大部分用于中低温领域,无机相变材料大多用于中高温领域。下面主要介绍几类常见的相变储能材料。

(1)有机相变材料

有机相变材料主要有石蜡类、醇类、脂肪酸类、高级脂肪烃类、多羟基碳酸类、聚醚类、芳香酮类等。有机相变材料一般具有成本比较低、稳定性好、无腐蚀性、无过冷和相分离现象等优点。但有机相变材料也存在储热密度较低、导热性能较差的缺点。

有机相变材料中石蜡类应用最为广泛。石蜡为直链烷烃的混合物,其分子通式为 $C_nH_{2n+2}$。石蜡的相变温度与烷烃混合物的类型相关,石蜡的相变温度随着烷烃碳链的碳原子数的增加而提高。除石蜡类外,脂肪酸类和醇类也常用于相变储能。脂肪酸类的分子通式为 $C_nH_{2n}O_2$,主要有月桂酸、硬脂酸和棕榈酸等。醇类根据分子中羟基的数目可分为一元醇、二元醇和多元醇。表 1-2 为部分常用醇类和酸类相变材料的热物性能。有机相变材料具有较强的化学稳定性,并且无相分离和过冷现象,但是它的热导率较低,导致储热效率不高,在应用时一般需要对传热过程进行强化。

表 1-2　　　　　　　　　部分醇类和酸类相变材料的热物性能[2-5]

| 名　　称 | 熔点/℃ | 相变潜热/(kJ·kg⁻¹) | 热导率/(W·m⁻¹·K⁻¹) |
|---|---|---|---|
| 聚乙二醇 E400 | 8 | 99.6 | 0.187(38.6 ℃) |
| 聚乙二醇 E600 | 22 | 127.2 | 0.189(38.6 ℃) |
| 聚乙二醇 E6000 | 22 | 127.2 | 0.189(38.6 ℃) |
| 丁四醇 | 118 | 339.8 | 0.326(140 ℃) |
| 辛酸 | 16 | 148.5 | 0.149(38.6 ℃) |
| 棕榈酸 | 42～46 | 178 | 0.147(50 ℃) |
| 月桂酸 | 64 | 185.4 | 0.162(68.4 ℃) |
| 硬脂酸 | 69 | 202.5 | 0.172(70 ℃) |

（2）无机水合盐

无机水合盐的相变原理与有机物相变材料有所不同,它是通过在加热过程中水合盐脱出结晶水和冷却过程中无机盐与水结合的过程来实现热量的储存和释放,其相变机理可用下式表示[6]:

$$\text{AB} \cdot m\text{H}_2\text{O} \underset{\text{冷却}(T<T_\text{m})}{\overset{\text{加热}(T>T_\text{m})}{\rightleftharpoons}} \text{AB} + m\text{H}_2\text{O} - Q \qquad (1\text{-}3)$$

$$\text{AB} \cdot m\text{H}_2\text{O} \underset{\text{冷却}(T<T_\text{m})}{\overset{\text{加热}(T>T_\text{m})}{\rightleftharpoons}} \text{AB} + n\text{H}_2\text{O} + (m-n)\text{H}_2\text{O} - Q \qquad (1\text{-}4)$$

其中,$T_\text{m}$ 为相变温度;$Q$ 为相变潜热。式(1-3)为无机水合盐全部脱出结晶水的反应式,式(1-4)为无机水合盐部分脱出结晶水的反应式。

无机水合盐主要包含硫酸盐、硝酸盐、醋酸盐、磷酸盐和卤化盐等盐类的水合物,无机水合盐具有成本较低、熔点固定、相变潜热大等优点,且导热性能一般优于有机类相变材料。但是无机水合盐也存在相分离和易过冷的缺点。相分离是在无机水合盐发生多次相变以后无机盐和水分离的现象,致使部分与水不相溶的盐类沉于底部,不再与水相结合,从而形成相分离的现象。相分离的产生使无机水合盐在储能过程的稳定性较差,从而导致储能效率降低,使用寿命缩短。为解决相分离的问题,一般在无机水合盐相变材料中添加防相分离剂,常用的防相分离剂有晶体结构改变剂、增稠剂等。过冷现象是指液体冷凝到该压力下液体的凝固点时仍不凝固,需要继续降温才开始凝固的现象。过冷现象与液体的性质、纯度和冷却速度等有关,过冷现象使相变温度发生波动,一般在液体中添加防过冷剂来防止过冷现象的发生。

常用于相变储能的无机水合盐主要有六水合氯化钙、十水合硫酸钠、五水合硫代硫酸钠、十二水合磷酸氢二钠以及十水合碳酸钠等。部分常见水合盐相变材料的热物性能如表1-3所示,从该表可见,大部分的无机水合盐的导热系数有待表征。

表 1-3　　　　　　　　　部分常见水合盐相变材料的热物性能[2,7]

| 物　　名 | 熔点/℃ | 相变潜热/(kJ·kg⁻¹) | 热导率/(W·m⁻¹·K⁻¹) |
|---|---|---|---|
| $\text{LiClO}_3 \cdot 3\text{H}_2\text{O}$ | 8.1 | 253 | n. a. |
| $\text{ZnCl}_2 \cdot 3\text{H}_2\text{O}$ | 10 | n. a. | n. a. |

| 物　　名 | 熔点/℃ | 相变潜热/(kJ·kg⁻¹) | 热导率/(W·m⁻¹·K⁻¹) |
|---|---|---|---|
| $K_2HPO_4 \cdot 6H_2O$ | 13 | n. a. | n. a. |
| $KF \cdot 4H_2O$ | 18.5 | 231 | n. a. |
| $Mn(NO_3)_2 \cdot 6H_2O$ | 25.8 | 125.9 | n. a. |
| $CaCl_2 \cdot 6H_2O$ | 29 | 190.8 | 0.54(38.7 ℃) |
| $LiNO_3 \cdot 3H_2O$ | 30 | 296 | n. a. |
| $Na_2SO_4 \cdot 10H_2O$ | 32.4 | 254 | 0.544 |
| $Na_2CO_3 \cdot 10H_2O$ | 33 | 247 | n. a. |
| $CaBr_2 \cdot 6H_2O$ | 34 | 115.5 | n. a. |
| $Na_2HPO_4 \cdot 12H_2O$ | 35.5/36 | 265/280 | n. a. |
| $Zn(NO_3)_2 \cdot 6H_2O$ | 36/36.4 | 146.9/147 | 0.464/0.469 |
| $KF \cdot 2H_2O$ | 41.4 | n. a. | n. a. |
| $K_3PO_4 \cdot 7H_2O$ | 45 | n. a. | n. a. |
| $Zn(NO_3)_2 \cdot 4H_2O$ | 45.5 | n. a. | n. a. |
| $Na_2HPO_4 \cdot 7H_2O$ | 48 | n. a. | n. a. |
| $Na_2S_2O_3 \cdot 5H_2O$ | 48/50 | 201/209.3 | n. a. |
| $Zn(NO_3)_2 \cdot 2H_2O$ | 54 | n. a. | n. a. |
| $NaOH \cdot H_2O$ | 58.0 | n. a. | n. a. |
| $Na(CH_3COO) \cdot 3H_2O$ | 58.5 | 226 | n. a. |
| $Fe(NO_3)_2 \cdot 6H_2O$ | 60 | n. a. | n. a. |
| $MgSO_4 \cdot 7H_2O$ | 67.5 | 204 | n. a. |
| $Na_2B_4O_7 \cdot 10H_2O$ | 68.1 | n. a. | n. a. |
| $Ba(OH)_2 \cdot 8H_2O$ | 78 | 265.7 | 0.653(85.7 ℃) |
| $Al_2(SO_4)_3 \cdot 18H_2O$ | 88 | 218 | n. a. |
| $Al(NO_3)_3 \cdot 8H_2O$ | 89 | n. a. | n. a. |
| $Mg(NO_3)_2 \cdot 6H_2O$ | 89/90 | 149.5/162.8 | n. a. |
| $AlK(SO_4)_2 \cdot 12H_2O$ | 92.5 | 232.4 | n. a. |
| $(NH_4)Al(SO_4) \cdot 12H_2O$ | 95 | 269 | n. a. |
| $MgCl_2 \cdot 6H_2O$ | 117 | 168.6 | n. a. |
| $Mg(NO_3)_2 \cdot 2H_2O$ | 130 | n. a. | n. a. |

注：n. a. 表示文献中未列出该数据。

（3）熔盐

熔盐主要有氟化盐、氯化物、硝酸盐、碳酸盐和硫酸盐等，常用于中高温热能的储存。其主要特点是温度使用范围广、沸点高、高温下的蒸气压较低、单位体积的储热密度大、黏度低、热稳定性强，具有相变潜热大、导热系数高和温度范围广等特点。表 1-4 为部分常见熔盐相变材料的热物性能。但是在实际的应用中，很少利用单一熔盐作为储能材料，一般会将二元、三元无机盐混合共晶形成混合熔盐。混合熔盐的熔化热较大，熔化前后的体积变化较小，且可通过

调整混合盐的种类和比例来调整所需要的熔融温度。表 1-5 为部分混合熔盐相变材料的热物
性能。从表 1-4 和表 1-5 中可见,大部分的熔盐相变材料的导热系数也有待表征。

表 1-4　　　　　　　　　　　部分常见熔盐相变材料的热物性能[8-11]

| 物质 | 熔化温度/℃ | 相变潜热/(kJ·kg$^{-1}$) | 导热系数/(W·m$^{-1}$·K$^{-1}$) |
|---|---|---|---|
| NaNO$_2$ | 282 | 212 | n.a. |
| NaNO$_3$ | 307 | 172 | 0.5 |
| NaOH | 318 | 158 | n.a. |
| KNO$_3$ | 337 | 167 | n.a. |
| KOH | 380 | 149.7 | 0.5 |
| LiOH | 471 | 876 | n.a. |
| LiSO$_4$ | 577 | 257 | n.a. |
| MgCl$_2$ | 714 | 452 | n.a. |
| NaCO$_3$ | 854 | 275.7 | 2.0 |
| KF | 857 | 452 | n.a. |
| LiF | 1121 | 1040 | 6.2 |
| MgF$_2$ | 1263 | 938 | n.a. |
| NaF | 1268 | 800 | 4.35 |

注:n.a. 表示文献中未列出该数据。

表 1-5　　　　　　　　　　　部分混合熔盐相变材料的热物性能[8-12]

| 成分(质量分数)/% | 熔化温度/℃ | 熔化热/(kJ·kg$^{-1}$) | 导热系数/(W·m$^{-1}$·K$^{-1}$) |
|---|---|---|---|
| NaNO$_2$/73NaOH* | 237 | 294 | n.a. |
| NaNO$_3$/3.6NaCl/78.1NaOH* | 242 | 242 | n.a. |
| NaNO$_3$/28NaOH* | 247 | 237 | n.a. |
| LiNO$_3$/2.6Ba(NO$_3$)$_2$* | 253 | 368 | n.a. |
| LiNO$_3$/6.4NaCl | 255 | 354 | n.a. |
| NaCl/50MgCl$_2$ | 273 | 429 | 0.96 |
| NaNO$_3$/5.0NaCl | 282 | 212 | n.a. |
| NaCl/6.4Na$_2$CO$_3$/85.5NaOH | 282 | 316 | n.a. |
| NaOH/7.2Na$_2$CO$_3$ | 283 | 340 | n.a. |
| NaCl/5.0NaNO$_3$ | 284 | 171 | n.a. |
| Na$_2$SO$_4$/5.7NaCl/85.5NaNO$_3$ | 287 | 176 | n.a. |
| NaNO$_3$/10KNO$_3$ | 290 | 170 | n.a. |
| KNO$_3$/4.5KCl | 320 | 150 | n.a. |
| KNO$_3$/4.7KBr/7.3KCl | 342 | 140 | n.a. |
| NaCl/32.4KCl/32.8LiCl | 346 | 281 | n.a. |
| NaOH/26.8NaCl | 370 | 369 | n.a. |
| MgCl$_2$/42.5NaCl/20.5KCl | 385～393 | 410 | n.a. |

| 成分(质量分数)/% | 熔化温度/℃ | 熔化热/(kJ·kg⁻¹) | 导热系数/(W·m⁻¹·K⁻¹) |
|---|---|---|---|
| $Li_2CO_3/33Na_2CO_3/35K_2CO_3$ | 397 | 277 | n. a. |
| $KCl/46ZnCl_2$ | 432 | 218 | n. a. |
| $NaCl/52MgCl_2$ | 450 | 431 | n. a. |
| $Li_2CO_3/53K_2CO_3$ | 488 | 342 | n. a. |
| $NaCl/67CaCl_2$ | 500 | 281 | n. a. |
| $LiCl/63LiOH$ | 535 | 485 | 1.10 |
| $NaCl/4.6CaCl_2$ | 570 | 191 | 0.61 |
| $NaCO_3/BaCO_3/MgO$ | 500~800 | 415.4 | 5.0 |
| $LiOH/LiF$ | 700 | 1163 | 1.20 |
| $LiF/32MgF_2$ | 1008 | 550 | 2.51 |

注:n. a.表示文献中未列出该数据,＊表示摩尔分数。

（4）相变微/纳胶囊

相变材料在发生固液相变时,由于液态时具有流动性,容易发生泄漏,易对环境造成一定的危害。此外,有些相变材料具有腐蚀性,易腐蚀容器、管道等,为解决上述问题,可对相变材料进行封装,制成相变材料胶囊。

相变材料胶囊是在囊芯中包裹相变材料的"容器",相变材料的胶囊化实现了相变材料的固态化,不仅可增加相变材料稳定性,也能够提高相变材料的传热效率,同时便于相变材料的使用、储存和运输[13-15]。相变材料胶囊主要由芯材和壁材两部分组成（如图 1-1 所示）,其中芯材为相变材料,壁材一般为聚合物或者无机材料。相变材料胶囊外形一般呈球形、椭圆形、管状或其他不规则的形状;结构一般单核、多核、单壁或者多壁等。此外,按照相变材料胶囊的粒径不同,还可分为:相变材料纳胶囊、相变材料微胶囊、相变材料大胶囊。胶囊的粒径小于 1 μm 的称为纳胶囊,粒径范围在 1~1 000 μm 之间的称为微胶囊,粒径大于1 mm的称为大胶囊[16]。

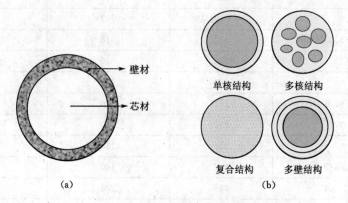

图 1-1　相变材料胶囊结构示意图[17]

相变微/纳胶囊能够使包裹在其中的相变材料在发生相变过程时,不受外界的损害,特别是对于一些性质不稳定或对环境敏感的相变材料效果更好。胶囊化的相变材料除了上述的优点外,还具有如下的优点[18,19]:

(a) 增大了接触面积;

(b) 解决了相变材料在液化过程中泄漏的问题;

(c) 实现了相变材料的固态化,使得其在使用、运输和储存过程中更加方便;

(d) 降低了相变材料的挥发;

(e) 避免了相变材料的体积变化;

(f) 延长了相变材料的使用寿命。

由于具有上述特性,相变胶囊在建筑节能、纺织和潜热型功能热流体等领域应用较多。

(5) 潜热型功能热流体

潜热型功能热流体主要分为两种:相变乳状液和相变微/纳胶囊悬浮液。相变乳液是通过机械搅拌将相变材料直接分散在含有乳化剂的热流体中,形成热力学稳定的分散体系。常见的有油/水型相变乳液,其组成成分一般为水、油和表面活性剂等。由于相变乳液中的相变材料存在相变潜热,因此与水作热流体相比具有载能密度大的优点,尽管存在黏度增大的问题,但在输送相同热量情况下仍可节约大量的泵耗。图 1-2(a)是一种高温石蜡乳状液,在该石蜡乳状液的相变区间内,石蜡质量分数为 10 wt%、20 wt%、30 wt% 的乳状液的储热、载热密度分别为水的 1.6、2.2、2.8 倍[20]。相变微/纳胶囊悬浮液是将相变微/纳胶囊材料均匀分散到传统单相传热流体中作为潜热型功能热流体。由于相变胶囊的存在,该流体具有较大的表观比热容,同时两相间的对流也可显著增加流体与管壁间的传热能力,是一种集传热与储热于一体的一种新型传热流体。悬浮液的性能主要取决于相变微/纳胶囊的性能,用于传热流体中的相变微/纳胶囊一般要求具备颗粒均匀、柔韧好、机械强度高、渗透性低等性能。而相变微/纳胶囊的性能主要受粒径、分布、壁材和芯材性质等因素影响。图 1-2(b)是一种质量浓度高达 40%,基液为丙醇/水的相变微胶囊悬浮液,该悬浮液具有较好的分散稳定性,较低的黏度和较好的流动性[21]。

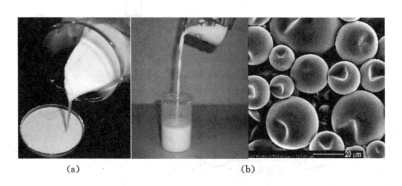

(a) (b)

图 1-2 相变乳状液和相变微/纳胶囊悬浮液

(a) 石蜡相变乳状液;(b) 丙醇/水基相变微胶囊悬浮液

## 1.3 相变储能的应用

相变储能技术可以解决能量在时间、空间和强度上供求不匹配问题,是提高能源利用率的有效途径。目前,相变储能技术已广泛应用于太阳能热发电、工业余热回收、建筑节能、电力调峰、电子器件热管理等领域。

(1) 太阳能热发电

相变储能技术在太阳能热发电领域应用主要是利用高温相变材料对太阳热能进行大规模存储,以维持发电站能在太阳能欠缺时段持续稳定运行。1997 年美国在加利福尼亚建成了机组功率为 105 MW·h·t 的 Solar Two 太阳能热发电站,该热发电系统如图 1-3 所示,并选用硝酸共晶熔盐(即 $60\%NaNO_3+40\%KNO_3$)作为蓄热介质,热熔盐储存罐和冷熔盐储存罐的设计温度分别为 565 ℃ 和 290 ℃,该系统的熔盐的热存储量为 105 MW·h·t,在没有太阳能辐射的情况下,仍可供汽轮机连续满负荷运行 3 h,并且该系统运行几个月后熔盐的热损失也只有 6%,表现出良好的稳定性[22,23]。2011 年,位于西班牙的 Gemasolar 太阳能电站成为世界上首个能够持续运行 24 h 发电的太阳能发电厂,该电站采用了熔盐储能技术,其储能材料主要是 $KNO_3$ 和 $NaNO_3$。新月沙丘太阳能热发电站位于美国内华达州,是美国第一个大规模采用熔盐塔式光热发电技术的电站,也是全球最大的熔盐塔式项目,该电站于 2015 年 10 月份正式投运,其装机容量为 110 MW。新月沙丘太阳能热发电站采用 SolarReserve 公司领先的熔盐储热技术,通过上万套定日镜将阳光反射到中央吸热塔,在塔内光能聚集将熔盐加热到 566 ℃ 左右,并利用熔盐的高储热性能可在没有太阳光照情况下电站仍可持续运行 10 h,其年发电量是装机容量相同的光伏电站或非储热型水工质光热电站的两倍之多。在国内,2016 年 8 月,我国首座具备规模化储能的塔式光热电站在青海成功投运,装机容量 10 MW,采用双储罐结构,以二元硝酸盐作为介质,利用熔盐相变材料进行储热,能够实现光热电站的连续、稳定发电[24]。

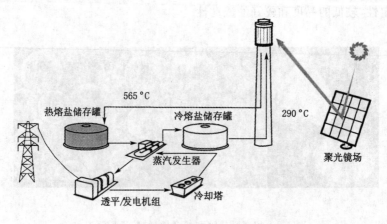

图 1-3 熔盐太阳能热发电塔示意图[22]

(2) 工业余热回收

在工业生产中,电厂的烟气余热和蒸汽余热、冶金厂的废渣废料余热等工业余热也具有周期性、间断性和波动性的特点。因此,采用相变储能技术将余热进行回收再利用,能有效解决供与求的不均衡问题。工业余热中烟气、蒸汽等余热的回收大多采用相变式蓄热器进行热能的储存,然后进行热能的再利用,常见的相变式蓄热换热器的原理如图 1-4(a)所示。

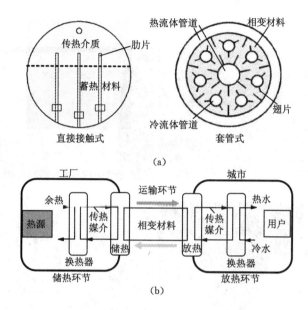

(a)

(b)

图 1-4 常见相变蓄热技术示意图[25,26]

在国内,某节能工程有限公司开发的 LYQ 型相变换热器应用在锅炉烟道后,烟气温度由 183 ℃下降至 107 ℃,同时回收的热量用于加热锅炉补水,可将水温由 12 ℃提高到 45 ℃,余热使水温提高了 33 ℃[25]。国内某移动供热有限公司利用高性能稀土相变蓄热材料 HECM-WD03 和蓄热元件,将工业废热、余热回收,并及时运输到用户所在地,通过热交换使用户获得热量,其原理图如图 1-4(b)所示,经过鉴定中心节能量认证,每台移动蓄能供热设备平均每年可节煤 600 t,在移动供热设备的使用过程中,即可达到为耗能单位节能减排的效果,同时还可以减少一次性能源的消耗[26]。在国外,德国的 TransHeat 公司研究并试制了带有内部换热器的直接式相变蓄热器,其单个蓄热器的供热能力可达 2.5~3.8 MW·h。另外,德国的 Alfred Schneider 公司采用醋酸钠为相变蓄热材料,设计了供热能力为 2.4 MW·h的间接式蓄热器,具有很好的经济价值。

(3)建筑节能

相变储能技术在建筑节能中的应用主要是通过相变材料与传统的建筑材料相结合,存储建筑在使用过程中空调制冷产生的过余冷量、采暖产生的过余热量或自然能源(如太阳能)等,当建筑室内温度过高或过低时,再将相变材料中储存的冷量或热量释放出,从而降低建筑的能耗,可对建筑起到显著的节能效果,同时也能够保证建筑室内的温度舒适度[27,28]。

目前相变材料在建筑节能中的主要应用形式是将相变材料封装后嵌入建筑的围护结构中,例如石膏板、墙面、地板、砖、混凝土或保温材料中[29]。封装方式有直接混合,宏观封装,微观封装以及定型相变材料封装等,其中宏观封装方式应用较广,常用的宏观封装方式如图 1-5 所示,包括板间空隙填充封装(将相变材料放入到聚氨酯板,聚乙烯板或其他建筑板材的板间空隙中)、玻璃容器封装(用玻璃容器封装相变材料,然后作为整体嵌入到建筑墙体中)、高分子材料封装(用聚烯烃等高分子材料将相变材料封装于类似砖块的构造内)以及钢质胶囊填入多孔砖封装(钢质胶囊填入多孔砖封装将相变材料充入钢质胶囊内,再将该胶囊放入多孔砖的孔洞内)[30]。

图 1-5　相变材料在建筑中的应用[30]

(a) 板间隙填充封装；(b) 玻璃容器封装；

(c) 高分子材料封装；(d) 钢质胶囊填入多孔砖封装

(4) 电力调峰

随着我国经济的飞速发展和人民生活水平的不断提高,用电量也在不断增加的同时也导致我国电力负荷峰谷相差加大,这种现象造成的结果就是白天用电高峰期电厂机组满负荷运行,但是到了夜晚用电低谷期就会造成电力的浪费或者发电厂机组低负荷运行,甚至部分发电厂机组停运,造成发电厂发电效率低下,导致发电系统综合效率较低[31]。基于相变储能的电力调峰技术主要是将低谷期的电能以热量或冷量形式储存起来,在电网高峰期直接使用,可在很大程度上降低电力负荷的峰谷差,因而得到了广泛的工程应用,取得了不错的经济效益和环保价值。

我国的天津水游城采用基于相变蓄热技术的谷电蓄热采暖系统(如图 1-6 所示)进行供暖,这不仅为电网的稳定运行做出贡献,也获得较好的经济效益。在采用该系统后,天津水游城每天平均用于供暖的电量为 30 639 kW·h,其中谷电 27 882.4 kW·h,平电 2 322.5 kW·h,峰电 434.1 kW·h,可计算出峰电时间段的用电功率为 54.3 kW。根据 2013~2014 年冬季数据,如采用电力直供采暖的方式在峰电时段的用电功率约为 1 418.4 kW。因此,使用谷电热库采暖方式后,水游城项目每天可转移 1 364.1 kW 峰电时段用电负荷。若有 100 个类似的供暖项目,使用谷电热库供暖系统方式后,在峰电期间可以转移约

136.41 MW 峰值负荷,可以相应减少等值的电厂装机负荷[32]。

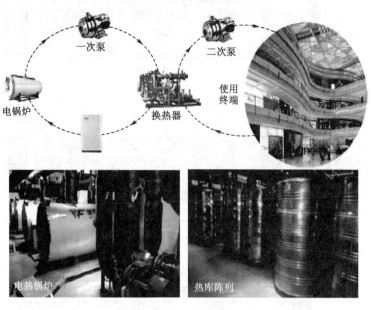

图 1-6 谷电蓄热供暖系统原理及实物图[32]

（5）电子器件热管理

电子器件的散热成为电子工业发展亟待解决的关键问题之一。相变材料热管理技术是利用相变材料较大的潜热来吸收电子器件在工作时散发的热量，并使电子器件的温度维持在相变材料的相变温度附近，使温度控制在电子器件工作的最佳温度范围，从而保证电子器件工作的稳定性，并且延长电子器件的工作寿命[33]。相变材料热管理技术因其热管理装置重量轻、性能可靠、设置灵活和不耗能等优点，在手机、计算机以及其大功率电子元器件装置中应用广泛。

电子器件典型的相变控温装置原理如图 1-7(a)所示，主要包括相变材料、封装容器和导热增强体（填料）三部分。将典型的相变控温装置与强制对流方式相结合构成复合相变控温装置，如图 1-7(b)和图 1-7(c)所示，其中温控装置 A 所用 PCM 放置在各芯片模块之间，与冷却通道不接触。温控装置 B 所用 PCM 放置在芯片模块的基座和冷却通道之间，与冷却通道接触。当出现上述两种状况时，相变温控装置中的 PCM 吸收芯片短时产生的大量热量，延长了其达到工作温度上限的时间。数值研究结果表明，当主动液冷温控系统失效后，耦合上相变温控装置后，温控装置 A 和温控装置 B 可分别延长芯片模块达到上限温度时间达 0.28 h 和 0.5 h[34]。

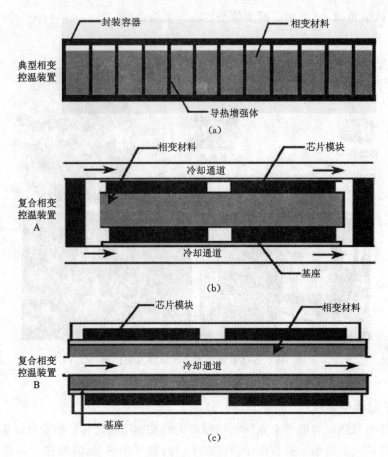

图 1-7　不同相变控温装置示意图[34]

# 1.4　相变材料的基本物性

　　相变材料的种类繁多,不同的相变材料具有不同的理化特性,如不同的相变材料之间其相变潜热、相变温度、导热系数、形貌特征等性能各有差异。相变潜热能够反映出相变材料蓄热能力的大小,相变材料的相变潜热越大,则蓄热能力越强,在储能领域的应用中也就越受欢迎。相变温度则决定了相变材料的应用范围,合理的相变温度不仅能够提高系统的可靠性,还能够提高系统的整体效率。导热系数反映了热量在相变材料内部传输速度,在不同的应用场合,对导热系数的要求也有所不同。在热能存储利用领域,导热系数越大,储热速度越快,则储热系统的效率也就越高;而在保温领域,则需要相变材料的导热系数低,以降低热量扩散速度。相变材料的形貌特征在储能领域的应用中也是十分重要的,尤其对于复合相变材料和胶囊相变材料,形貌特征决定了相变材料的应用场所。对于无机相变材料,其过冷度、腐蚀性、稳定性也是十分重要的物性参数。因此,相变材料的形貌、结构、相变温度、相变潜热、导热系数、热/化学稳定性等进行测试与表征在其储能应用中至关重要。

　　图 1-8 系统地总结了非金属相变材料的熔化温度和相变潜热范围。有机类相变材料的相变温度基本集中在 200 ℃ 以下,主要用于中低温储热领域,石蜡类和脂肪酸的相变潜热通

常在 200 kJ/L 以下,糖醇类的相变潜热分布在 200～500 kJ/L 之间。与有机类相比,无机相变材料大都具有更高的熔化温度和相变潜热,例如部分氟化物类的熔化温度高达 900 ℃,相变潜热达到 1 000 kJ/L,适合高品位热能的储存。

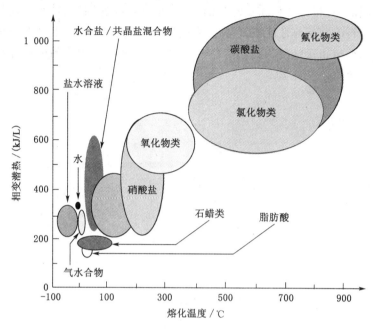

图 1-8　非金属 PCM 的熔化温度和相变潜热[35]

　　一般说来,有机相变材料的相变温度及相变潜热随着碳链的增长而增大。有时为了得到合适的相变温度和相变潜热,可改变有机物碳链的链长从而改变其相变温度和相变潜热,或将几种有机物复合形成多组分有机相变材料,或将有机物与无机物复合形成多元复合相变材料,从而拓宽其使用范围。以石蜡为例,石蜡为直链烷烃的混合物,其分子通式为 $C_nH_{2n+2}$,相变温度和相变潜热与烷烃混合物的类型相关,石蜡的熔点和潜热与碳原子数的关系如图 1-9 所示,当主要为短链烷烃时相变温度较低,随着碳原子数的增加,相变温度也随之提高。

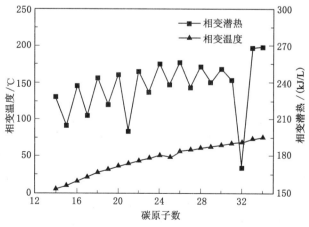

图 1-9　不同碳原子数石蜡的熔化温度和潜热[36]

　　绝大多数的相变材料存在导热系数过低的问题,使蓄热系统的传热性能较差,储热和释热时间较长,进而降低了系统的热效率。相变材料的基本物性决定了相变材料的应用范围和应用效率,因此物性参数的测试和表征对提高相变材料的传热性能至关重要。为了拓宽相变材料的使用范围,相变材料相变潜热的提高、相变温度的调控、导热性能的强化、微/纳胶囊结构相变材料的制备与性能表征等一直是研究的重点和热点,本书围绕相变储能材料的制备方法和原理与相变材料的物理特性、化学特性以及热物性等测试与分析方法结合具体的实验进行了介绍。

# 第 2 章　相变储能材料的制备

## 2.1　引言

相变储能技术的发展和应用,相变材料是关键。理想的相变材料应具有以下特点[37]:

(1) 热性能:合适的相变温度、较大的相变潜热、合适的导热性能、热循环性能稳定等;

(2) 化学性能:过冷度小、无相分离、无毒、不易燃、化学稳定性强等;

(3) 物理性能:蒸气压小、体积膨胀率低、密度大等;

(4) 经济性能:原料来源广泛、易于获取、成本低等。

但大多数相变材料很难同时满足上述条件,不管是有机相变材料,还是无机相变材料,单一材料或多或少都有一些缺点,如有机相变材料存在导热系数低等缺点,无机相变材料存在过冷、相分离和热稳定性差等缺点。因此,大部分相变材料并不能直接应用于储能领域,为克服其缺点,一般通过物理或化学的方法制备复合相变材料,如在相变材料中添加高导热材料、多孔材料等进行改性,或将相变材料胶囊化封装之后再进行应用。本章主要围绕复合相变材料的制备,通过具体的实验,介绍常见的复合相变材料制备方法。在物理混合方面,主要介绍混合相变材料的制备;在胶囊化封装方面,主要介绍相变材料微/纳米胶囊的制备。

## 2.2　混合相变储能材料的制备方法

通过物理混合的方法制备相变储能材料,主要目的包括提高相变材料的导热系数、对相变材料进行定型等多个方面。常用于混合相变材料的添加物主要有金属粒子(纳米铜、纳米铝、纳米铁等)[38]、金属氧化物(三氧化二铁、氧化铝等)[39]、泡沫金属(泡沫铜、泡沫铝、泡沫镍等)[40]、碳材料(膨胀石墨、石墨烯、碳纳米管)[41,42]、多孔矿物材料(高岭土、硅藻土、沸石等)[43]等。混合相变材料的制备方法主要有加热共混法、加热共熔法、多孔基吸附法、真空浸渍法等,下面对以上几种复合相变材料制备方法的原理及具体的制备实验进行介绍。

(1) 加热共混法

加热共混法是将相变材料加热至熔化状态,再将添加物采用化学分散或物理分散的方式添加至相变材料的方法。加热共混法制备复合相变材料主要有三个过程(如图 2-1 所示),首先将相变材料进行加热至熔化状态,然后将添加物添加至液态的相变材料中并进行搅拌(或超声分散),最后将搅拌均匀的混合材料冷却至固态。该方法常用于制备以石墨烯、碳纳米管金属粒子及其氧化物等为添加物的混合相变材料。

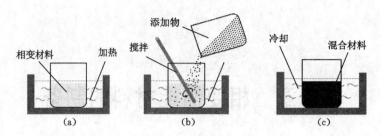

图 2-1　加热共混法制备过程

（2）加热共熔法

加热共熔法是采用物理的方法来制备混合相变材料，一般两种熔点相差较大的材料混合常采用该方法，熔点低的物质作为相变材料，熔点高的物质作为相变材料的支撑体，在制备时将两种材料分批放入容器中加热至共熔状态，待两种材料混合均匀后再冷却至固态即可。该类方法常用于定型混合相变材料的制备[44,45]。

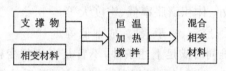

图 2-2　加热共熔法示意图[44]

（3）多孔基吸附法

多孔基吸附法主要用于多孔介质与相变材料的混合，该方法制备混合相变材料主要有五个过程（如图 2-3 所示）。首先将相变材料加热至熔化状态，然后将多孔介质添加至液态的相变材料中，添加完成后将混合物放入真空罐中并保持一定的真空度，并在真空环境下持续搅拌（或超声），待相变材料完全被多孔介质吸附后再将混合材料冷却至固态。该方法常用于制备以膨胀石墨、膨胀珍珠岩、多孔矿物材料等多孔介质为支撑材料的混合相变材料。该方法可利用多孔介质丰富的孔隙特性和较大的比表面积，将相变材料吸附在孔隙中，使相变材料在发生相变后不易泄漏，且保持较高的导热性能。

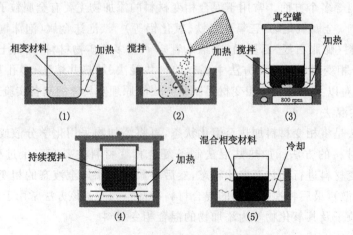

图 2-3　多孔基吸附法示意图

（4）真空浸渍法

真空浸渍法主要用于多孔泡沫材料与相变材料的混合,其过程如图 2-4 所示。首先将相变材料置于容器中,并将泡沫材料置于相变材料的上部,用真空泵对容器抽取真空并保持一定的真空度,然后将相变材料加热至熔化状态,泡沫材料会逐渐沉浸到相变材料中,待泡沫材料完全浸入相变材料中后再将混合材料冷却至固态。该方法常用于制备以泡沫铜、泡沫铝、泡沫镍和泡沫碳等泡沫材料为支撑材料的混合相变材料,可利用泡沫材料的丰富的孔隙结构和高导热性能,使相变材料的导热性能显著提高。

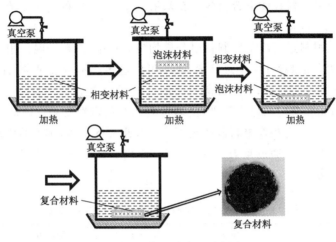

图 2-4　真空浸渍法示意图

# 2.3　混合相变储能材料的制备实验

## 2.3.1　石蜡/铝粒子混合相变材料制备实验

（1）实验材料

制备石蜡/铝粒子混合相变材料所需的实验材料如表 2-1 所示。

表 2-1　　　　　　　　　　　　实 验 材 料

| 名　称 | 规　格 | 图　片 |
|---|---|---|
| 铝颗粒 | 30 nm、100 nm、200 nm、500 nm | |
| 石蜡 | 相变温度 40℃ | |
| 油酸 | 十八烯碳酸 76%,其他 24% | |

（2）实验步骤

石蜡/铝粒子混合相变材料的制备过程如下：

① 将一定质量的石蜡放在烧杯中，置于温度为 60 ℃的恒温水浴中加热至熔化状态；

② 加入相应质量的铝粒子和分散剂油酸得到未分散均匀的石蜡/铝粒子混合相变材料；

③ 将②中得到的混合相变材料置于水浴温度为 60 ℃的磁力搅拌器中恒温搅拌 1 h，搅拌转速为 600 r/min；

④ 将③中经过磁力搅拌的混合材料放在水浴温度为 60 ℃的超声波清洗器中超声振荡 1 h，超声频率设置为 53 kHz；

⑤ 将超声后的材料进行冷却即制备出分散均匀的石蜡/铝粒子混合相变材料。

分散剂油酸的添加量存在一个最佳值，既不可以过多亦不可以过少，油酸过少，纳米粒子难以稳定分散在相变材料中；倘若分散剂用量过多，会出现过饱和吸附情况，在液相中，多余的高分子长链易相互交链而导致絮凝，使纳米流体的稳定性变差。因此选择合适的油酸添加量是石蜡/铝粒子混合相变材料制备过程中至关重要的一步，本实验所用的铝粒子与油酸的质量比如表 2-2 所示，通过重力沉降法确定，铝粒子粒径越大，则需要越多的油酸才能使其在石蜡中分散均匀。

表 2-2　　　　　　　　　石蜡/铝粒子混合相变材料中铝粒子与油酸的质量比

| 粒　径 | 68 nm | 91 nm | 331 nm | 553 nm |
|---|---|---|---|---|
| 铝粒子：油酸（质量比） | 1：1 | 1：1 | 1：4 | 1：8 |

（3）实验结果

通过宏观（重力沉降法）和微观（扫描电镜）两个角度来表征石蜡/铝粒子混合相变材料体系的稳定性。石蜡/铝粒子多相分散体系中，若铝粒子分散不均匀，形成的分散稳定性较差的悬浮液会发生铝粒子团聚，并在重力的作用下而产生沉淀，且在沉淀与悬浮液之间形成清晰可见的分界面。分散稳定性较好的悬浮液的沉降速度慢，铝粒子在分散体系中自上而下浓度增加，呈现出弥散分布且无明显沉积物。

将已制备的熔融状态下的石蜡/铝粒子混合相变材料倒入试管中，置于温度为 60 ℃的水浴中恒温保温 40 h，拍照观察其沉降情况，并根据沉降情况确定不同粒径的铝粒子与分散剂油酸的最佳添加质量比例。质量分数为 1 wt％的不同粒径的石蜡/铝粒子混合相变材料的沉降情况如图 2-5 所示，4 种不同粒径的铝粒子制备的石蜡/铝粒子混合相变材料均没有出现明显的沉淀现象，结果说明油酸对铝粒子的分散效果较好。

采用 Quanta 250 型扫描电子显微镜（SEM，scanning electron microscope）对铝粒子质量分数为 1 wt％时不同粒径制备的石蜡/铝粒子混合相变材料进行微观形态表征。实验过程中，取少量干燥后的石蜡/铝粒子混合相变材料均匀分散在导电双面胶的其中一面上，另外一面黏在载物台上，用于固定样品。由于石蜡/铝粒子混合相变材料导电性能较差，所以在实验前需要对石蜡/铝粒子混合相变材料进行喷金处理。喷金处理后，将待观察的石蜡/铝粒子混合相变材料样品置于扫描电子显微镜中观察，其中观察放大倍数为 5 000 倍。

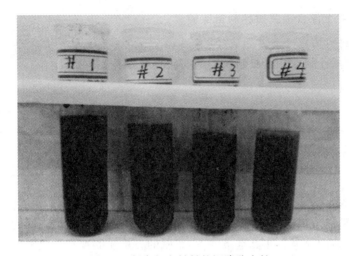

图 2-5　复合相变材料的沉降稳定性
♯1——石蜡/铝粒子(68 nm,1 wt%);♯2——石蜡/铝粒子(91 nm,1 wt%);
♯3——石蜡/铝粒子(331 nm,1 wt%);♯4——石蜡/铝粒子(553 nm,1 wt%)

当质量分数为 1 wt%时,不同粒径的铝粒子下所制备的石蜡/铝粒子混合相变材料的扫描电镜图如图 2-6 可示。混合相变材料均没有明显的团聚现象,说明混合材料中的铝粒子分散较为均匀,石蜡/铝粒子多相分散体系具有较好的稳定性,且测试结果与重力沉降的实验结果相符合。此外,从 SEM 图中可以看到,当铝粒子的质量分数为 1 wt%时,随着铝粒子粒径的增大,铝粒子之间有相互聚集的趋势。

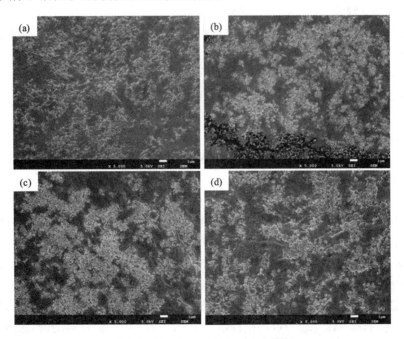

图 2-6　复合相变材料的扫描电镜图
(a) 石蜡/铝粒子(68 nm,1 wt%);(b) 石蜡/铝粒子(91 nm,1 wt%);
(c) 石蜡/铝粒子(331 nm,1 wt%);(d) 石蜡/铝粒子(553 nm,1 wt%)

### 2.3.2　石蜡/高岭土混合相变材料制备实验

（1）实验材料

制备石蜡/高岭土混合相变材料所需的实验材料如表 2-3 所示。

表 2-3　　　　　　　　　　　　　　实 验 材 料

| 名　称 | 规　格 |
|---|---|
| 石蜡 | 相变温度 60 ℃ |
| 高岭土 | 平均粒径：3.592 $\mu$m(K1)、4.253 $\mu$m(K2)、5.402 $\mu$m(K3)、6.570 $\mu$m(K4) |

（2）实验步骤

高岭土是由硅氧形成的四面体结构以及铝氧形成的八面体结构之间构成的较小的片层空间结构，具有丰富的孔隙。在真空条件下，熔融的石蜡能够被有效地吸附到高岭土的孔隙结构中，形成混合相变材料。石蜡/高岭土混合相变材料的具体制备过程如下：

① 在制备混合相变材料之前，将四种不同粒径的高岭土在条件为 75 ℃、0.08 MPa 的真空干燥箱内经过 12 h 的预处理，以便于除去高岭土内的水分、提高高岭土的孔隙率，降低水分对石蜡与高岭土制备过程以及石蜡/高岭土混合相变材料热物性的影响。

② 用天平称量质量分数为 60 wt％的石蜡与质量分数为 40 wt％的高岭土，并在由恒温水浴锅提供的 75 ℃的恒定温度下进行混合，进行多次搅拌，保证两种材料均匀混合。

③ 将混合好的材料放置在真空干燥箱内，通过真空泵抽离真空干燥箱内的空气，达到 0.08 MPa 的压力条件，真空干燥箱内加热温度设定为 75 ℃，对混合材料进行加热，从而对相变材料进行真空浸渍。

④ 将浸渍好的石蜡/高岭土混合相变材料取出，并在室温下冷却至固态即可制备出混合相变材料。

通过上述方法，取不同质量分数的高岭土（质量分数范围为 0 wt％～60 wt％，依次增长 10 ％）与石蜡进行混合，即可制备出具有不同质量分数高岭土的石蜡/高岭土混合相变材料。

（3）实验结果

通过 SEM 对石蜡/高岭土混合相变材料的微观形貌进行观察，图 2-7 为高岭土和石蜡/高岭土混合相变材料的 SEM 图。

如图 2-7 所示，K1[图 2-7(a)]、K2[图 2-7(c)]、K3[图 2-7(e)]和 K4[图 2-7(g)]四种高岭土的粒径逐渐减小，且从 SEM 图中可以看出，四种不同粒径高岭土的粒径很不均匀，大小不一，在放大同样倍数情况下（即同一刻度尺），同一尺寸大小的颗粒在四种不同粒径的高岭土的 SEM 图中同时存在。石蜡被有效地吸附到矿物材料高岭土的片层结构中，并且一部分石蜡包裹在高岭土表面。整体上随着高岭土粒径的增大，石蜡/高岭土复合相变材料的表面趋于平整，但由于四种高岭土微观形貌结构的不规则性，石蜡/K1[图 2-7(b)]，石蜡/K2[图 2-7(d)]，石蜡/K3[图 2-7(f)]和石蜡/K4[图 2-7(h)]四种材料的微观形貌结构也呈现不规则性。SEM 测试证明了石蜡与高岭土之间进行了很好的混合。

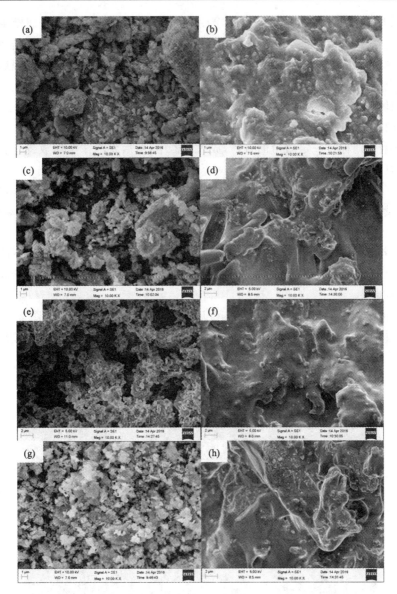

图 2-7　石蜡/高岭土混合相变材料微观形貌(SEM 图)

(a) K1；(b)石蜡/K1；(c) K2；(d)石蜡/K2；(e) K3；

(f)石蜡/K3；(g) K4；(h) 石蜡/K4

### 2.3.3　石蜡/泡沫金属混合相变材料制备实验

(1)实验材料

本实验选取熔点为 40 ℃左右的石蜡作为相变储能材料,研究泡沫金属的加入对其导热系数及熔化蓄热的影响。泡沫金属的种类较多,本实验选取开孔泡沫金属中应用较多的泡沫铜、泡沫镍和泡沫铝为实验材料。

(2)实验步骤

在泡沫金属内部填充石蜡相变材料时,由于泡沫金属具有小孔径的特殊结构,石蜡熔化后又具有较大的黏性,采用普通的浇灌技术容易造成混合材料内部存在气泡,从而减小石蜡的填充量,同时也增加了导热热阻。因此,为了使石蜡更好地充满泡沫金属空隙内部,通常采用真空浸渍法来进行制备。将泡沫金属完全浸没在真空环境下熔化的石蜡中,利用真空环境排出泡沫金属内的空气,使石蜡与泡沫金属充分接触,经过冷却凝固过程后,去除多余石蜡。完成上述步骤即可获得石蜡/泡沫金属混合相变材料。石蜡/泡沫金属混合相变材料制备过程的具体步骤如下:

① 材料准备。首先将泡沫金属切割成所需的形状。

② 加热融化。称量一定质量的石蜡,放入容器中,然后将泡沫金属放置于石蜡上部,再将容器置于真空干燥箱中。

③ 真空浸渍。开启真空泵,对真空干燥箱内抽取真空,并维持在 0.1 MPa,然后将真空罐内的温度设置为 60 ℃,用来给相变材料加热,当石蜡熔化后,泡沫金属会逐渐浸渍到石蜡中。

④ 去除余料。将浸渍好的石蜡/泡沫金属混合相变材料取出,并在室温下冷却至固态,然后去除混合材料多余的石蜡,将表面打磨光滑,即可获得石蜡/泡沫金属混合相变材料。

(3) 实验结果

泡沫铜、泡沫铝、泡沫镍及其三种泡沫金属与石蜡的混合相变材料如图 2-8 所示。从图中可以明显看出泡沫金属的骨架结构相互连通,具有很好的孔隙结构。在石蜡与泡沫金属的复合材料中石蜡将泡沫金属的孔隙全部填充,并且具有很好的兼容性。

图 2-8　泡沫金属及石蜡/泡沫金属($\varepsilon=0.85$,PPI=30)复合材料

(a-1) 泡沫铜;(a-2) 石蜡/泡沫铜;(b-1) 泡沫铝;

(b-2) 石蜡/泡沫铝;(c-1) 泡沫镍;(c-2) 石蜡/泡沫镍

## 2.4　相变材料微/纳胶囊的制备方法

传统的胶囊制备方法从原理上大致可分为三类:化学法、物理法和物理化学法[17,46]。化学法包括:界面聚合法、原位聚合法、锐孔－凝固浴法、化学镀法等;物理方法包括:喷雾干

燥法、空气悬浮法、喷雾冷冻法、溶剂挥发(蒸发)法、静电结合法等;物理化学方法包括:水相分离法、油相分离法进、溶胶—凝胶法、熔化分散冷凝法、复相乳液法等[14,47]。下面对上述几种常用相变胶囊制备方法进行介绍。

（1）界面聚合法

界面聚合法是采用适当的乳化剂形成水/油乳液或油/水乳液后将芯材进行乳化,单体经聚合反应后在芯材表面形成聚合物膜并逐步形成胶囊,最后将胶囊从油相或水相中分离[48]。此方法既可用于相变微胶囊的制备,也可用于相变纳胶囊的制备,在制备纳胶囊时需将芯材加入带毛细管的注射器中,且注射器的针头须紧挨单体溶液的液面,且在液面与针头之间加高压直流电,然后将芯材注入单体溶液中方可制备出纳胶囊[49,50]。

（2）原位聚合法

原位聚合法在制备相变胶囊时,反应单体和催化剂全部位于相变材料芯材的外部,单体溶于体系的连续相中,而聚合物则与连续相不相溶,并且聚合反应在芯材的表面上发生,随着聚合反应的进行,预聚物逐渐在芯材表面生成,最终将芯材全部覆盖形成胶囊外壳[47,51]。此方法既可用于相变微胶囊的制备,也可用于相变纳胶囊的制备。

（3）溶剂挥发法

溶剂挥发法主要是通过蒸发体系中溶解聚合物的有机溶剂使聚合物逐渐析出,并聚合在芯材表面来制备胶囊的方法[17,52]。这种方法在制药行业早已被广泛应用,目前也逐渐应用在制备相变胶囊领域。溶剂挥发法主要适用于制备芯材为水溶性的微胶囊,因此在制备无机水合盐相变胶囊时经常使用此方法。

（4）溶胶—凝胶法

溶胶—凝胶法主要是以金属醇盐作为前驱体,在液相环境下将其与溶剂、催化剂、络合剂等均匀混合,经水解、缩合等化学反应后,在溶液中形成稳定透明的溶胶体系,然后溶胶经过陈化,胶粒间进一步聚合形成三维空间网络结构的凝胶,最后将凝胶经过干燥、烧结固化即可制备出微/纳米级别结构的材料[17]。

# 2.5　相变材料微/纳胶囊的制备实验

### 2.5.1　五水合硫代硫酸钠/聚苯乙烯相变微胶囊制备实验

以五水合硫代硫酸钠为芯材,以聚苯乙烯为壁材,采用溶剂挥发法制备五水合硫代硫酸钠/聚苯乙烯相变微胶囊。在制备时,首先将聚苯乙烯溶于有机溶剂中,然后将熔融状态的五水合硫代硫酸钠在乳化剂的作用下通过机械搅拌均匀分散至有机溶剂体系中,随着有机溶剂不断地挥发,聚苯乙烯逐渐从有机溶剂中析出,并不断地在芯材表面团聚形成壁材,从而制备出五水合硫代硫酸钠/聚苯乙烯相变微胶囊。

（1）实验材料

五水合硫代硫酸钠/聚苯乙烯相变微胶囊制备过程中所使用的主要原材料及试剂如表2-4所示。

表 2-4           制备五水合硫代硫酸钠/聚苯乙烯相变微胶囊的主要原料及规格

| 原料及试剂 | 英文缩写 | 规　格 |
|---|---|---|
| 五水合硫代硫酸钠 | SoTP | AR |
| 聚苯乙烯 | PS | AR |
| 十二烷基硫酸钠 | SDS | AR |
| 二氯甲烷 | — | AR |
| 石油醚 | — | AR |
| 去离子水 | — | 高纯水 |

（2）实验步骤

五水合硫代硫酸钠/聚苯乙烯相变微胶囊的制备配方如表 2-5 所示，制备过程主要包括三个部分：芯材乳液的制备，壁材预聚体溶液的制备和相变微胶囊的合成。

表 2-5           五水合硫代硫酸钠/聚苯乙烯相变微胶囊的制备配方

| 样品 | SoTP/g | PS/g | SDS/g | 搅拌速率/(r/min) |
|---|---|---|---|---|
| S1 | 5 | 3 | 0.02 | 600 |
| S2 | 5 | 3 | 0.04 | 600 |
| S3 | 5 | 3 | 0.06 | 600 |
| S4 | 5 | 3 | 0.08 | 600 |

芯材乳液的制备：用电子天平称取一定质量的五水合硫代硫酸钠，将其溶入 3 mL 去离子水中，并在 40 ℃下加热溶解成透明溶液。将一定量的十二烷基硫酸钠（SDS）加入上述透明溶液中，然后将混合溶液置于水浴温度为 40 ℃ 的磁力搅拌器中在 600 r/min 的搅拌速度下持续搅拌 15 min，再将获得的溶液超声分散 20 min，从而得到芯材乳液 A。

壁材预聚体溶液的制备：将一定质量的聚苯乙烯与 50 mL 的二氯甲烷有机溶剂混合，并将其置于磁力搅拌器中以 400 r/min 的搅拌速度持续搅拌直至聚苯乙烯完全溶解在有机溶剂中，从而得到壁材预聚体溶液 B。

相变微胶囊的合成：将溶液 B 放置在水浴温度为 40 ℃的数显磁力搅拌器中以一定的搅拌速度进行搅拌，在搅拌过程中将溶液 A 滴加至溶液 B 中，滴加完成后在 40 ℃的水浴温度下超声分散 15 min。超声完后继续在水浴温度为 40 ℃ 的磁力搅拌器中以一定的搅拌速度持续搅拌 6～8 h，待溶液中的有机溶剂完全挥发后便得到含有五水合硫代硫酸钠/聚苯乙烯相变微胶囊的溶液。然后将相变微胶囊混合液进行抽滤、洗涤、干燥，最后得到五水合硫代硫酸钠/聚苯乙烯相变微胶囊。

（3）实验结果

采用 SEM 对所制备的五水合硫代硫酸钠/聚苯乙烯相变微胶囊的形貌进行观察，不同乳化剂含量下所制备的相变微胶囊的微观形貌如图 2-9 所示。从图中可以看出，所制备的相变微胶囊大部分呈规则的球状结构，且表面光滑致密。但乳化剂的含量不同，相变微胶囊的粒径大小和分布有所区别。相变微胶囊 S1 的微观形貌如图 2-9(a)所示，可以看出有个别相变微胶囊发生破裂以及表面发生凹陷，与 S2、S3 和 S4 相比表面略显粗糙。相变微胶囊

S2 的微观形貌如图 2-9(b)所示,从图中并未发现有胶囊破损,但有个别胶囊呈椭圆体结构,并且粒径大小分布不均匀。相变微胶囊 S3 的微观形貌如图 2-9(c)所示,也存在个别胶囊破损的现象,但大部分胶囊呈规则的球状结构,并且粒径大小分布与 S1、S2 和 S4 相比相对均匀。相变微胶囊 S4 的微观形貌如图 2-9(d)所示,同样大部分胶囊呈规则的球状结构,但个别胶囊存在破损的现象,并且粒径大小分布不均匀。

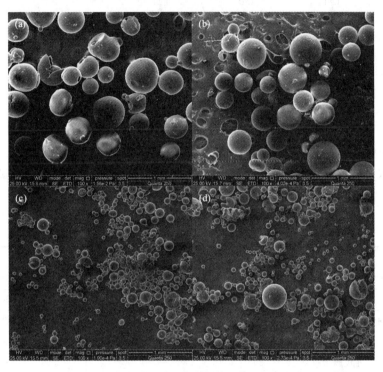

图 2-9　五水合硫代硫酸钠/聚苯乙烯相变微胶囊的扫描电镜图
(a) S1;(b) S2;(c) S3;(d) S4

### 2.5.2　五水合硫代硫酸钠/二氧化硅相变微胶囊制备实验

以五水合硫代硫酸钠为芯材,二氧化硅为壁材,选用正硅酸四乙酯作为合成二氧化硅的原料,采用溶胶凝胶法来制备相变微胶囊,制备流程如图 2-10 所示。在制备五水合硫代硫酸钠/二氧化硅相变微胶囊时,利用表面活性剂将正硅酸四乙酯生成的硅前驱体分散在五水合硫代硫酸钠液滴的表面,通过控制反应条件使二氧化硅前驱体在芯材液滴表面进一步发生缩聚反应,从而制备出五水合硫代硫酸钠/二氧化硅相变微胶囊。正硅酸四乙酯发生水解缩聚反应的化学表达式如下:

水解化学反应式:
$$(C_2H_5O)_3Si{-}OC_2H_5 + H_2O \longrightarrow (C_2H_5O)_3Si{-}OH + C_2H_5OH$$

失水缩聚化学反应式:
$$(C_2H_5O)_3Si{-}OH + HO{-}Si(OC_2H_5)_3 \longrightarrow (C_2H_5O)_3Si{-}O{-}Si(OC_2H_5O)_3 + H_2O$$

失醇缩聚化学反应式:
$$(C_2H_5O)_3Si{-}OC_2H_5 + HO{-}Si(OC_2H_5)_3 \longrightarrow (C_2H_5O)_3Si{-}O{-}Si(OC_2H_5O)_3 + C_2H_5OH$$

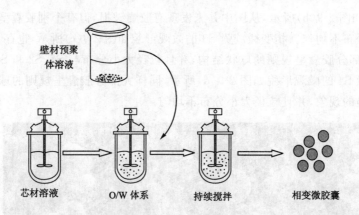

图 2-10　五水合硫代硫酸钠/二氧化硅相变微胶囊的制备流程图

（1）实验材料

制备五水合硫代硫酸钠/二氧化硅相变微胶囊所使用的主要原材料及试剂如表 2-6 所示。

表 2-6　　制备五水合硫代硫酸钠/二氧化硅相变微胶囊的主要原料及规格

| 原料及试剂 | 英文缩写 | 规　格 |
|---|---|---|
| 五水合硫代硫酸钠 | SoTP | AR |
| 正硅酸四乙酯 | TEOS | AR |
| 十二烷基硫酸钠 | SDS | AR |
| 环己烷 | — | AR |
| 正戊醇 | — | AR |
| 3-氨丙基三乙氧基硅烷 | APTS | AR |
| 无水乙醇 | — | AR |
| 去离子水 | — | 高纯水 |

（2）实验步骤

制备五水合硫代硫酸钠/二氧化硅相变微胶囊的工艺条件如表 2-7 所示，其具体的制备流程如下：

① 首先将一定量的芯材五水合硫代硫酸钠与 25 mL 去离子水混合，并在密封的环境下置于恒温水浴锅中，在 60 ℃下恒温加热直至五水合硫代硫酸钠完全溶解，得到均匀溶液。

② 将一定量的乳化剂十二烷基硫酸钠（SDS）与上述溶液混合，并将其置于磁力搅拌器中以一定的转速搅拌持续 20 min，再将其置于超声波细胞粉碎机中超声分散 20 min，在搅拌与超声的过程中温度始终保持在 60 ℃。

③ 超声结束后将上述溶液置于磁力搅拌器中以一定的转速持续搅拌，然后依次加入 25 mL 环己烷、5 mL 戊醇和一定量的正硅酸四乙酯，并继续磁力搅拌 30 min，形成均匀 O/W 体系的溶液后，再向溶液中滴加 3-氨丙基三乙氧基硅烷（APTS），并将溶液的 pH 调至 10。

④ 随后在 60 ℃温度条件下以一定的转速持续搅拌 12 h 便得到含有五水合硫代硫酸

钠/二氧化硅相变微胶囊的乳液。

⑤ 最后,将所得产物进行离心、洗涤、干燥,得到五水合硫代硫酸钠/二氧化硅相变微胶囊。

**表 2-7　　　　　　　　　　五水合硫代硫酸钠/二氧化硅相变微胶囊的制备配方**

| 样品 | SoTP | TEOS | SDS | 搅拌速率 | 芯材、壁材、乳化剂质量比 |
|------|------|------|-----|----------|--------------------------|
| S1 | 20 g | 4 g | 0.8 g | 600 r/min | 1∶0.2∶0.04 |
| S2 | 20 g | 6 g | 0.8 g | 600 r/min | 1∶0.3∶0.04 |
| S3 | 20 g | 8 g | 0.8 g | 600 r/min | 1∶0.4∶0.04 |
| S4 | 20 g | 10 g | 0.8 g | 600 r/min | 1∶0.5∶0.04 |
| S5 | 20 g | 12 g | 0.8 g | 600 r/min | 1∶0.6∶0.04 |

（3）实验结果

采用 SEM 对不同芯材与壁材质量比条件下所制备的五水合硫代硫酸钠/二氧化硅相变微胶囊的微观形貌进行了观察。不同芯壁比条件下制备的五水合硫代硫酸钠/二氧化硅相变微胶囊的微观形貌如图 2-11 所示。从图 2-11(a)和图 2-11(b)中看出,微胶囊 S1 和 S2 呈现不规则形状,说明当芯材和壁材比例为 1∶0.2 和 1∶0.3 时并不能制备出形状很规则的相变微胶囊。当芯壁比为 1∶0.4 时(微胶囊 S3),所制备的微胶囊具有规则的球状结构,且表面光滑致密,粒径分布相对均匀。当芯壁比为 1∶05(微胶囊 S4)和 1∶0.6(微胶囊 S5)时,所制备的微胶囊也呈现表面光滑致密、规则的球形结构,但粒径分布相对于微胶囊 S3 较差。芯壁比对微胶囊的形貌和粒径分布有很大影响,当芯壁比在 1∶0.2~0.6 范围内,随着芯壁比的减小,微胶囊从不规则形状逐渐呈现出规则的球状结构,芯壁比为 1∶0.4 时,所制备出的相变微胶囊形貌和粒径分布最佳。

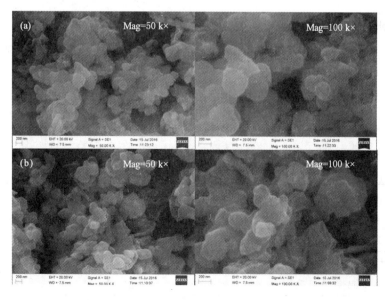

图 2-11　不同芯壁比条件下制备的五水合硫代硫酸钠/二氧化硅相变微胶囊的 SEM 图

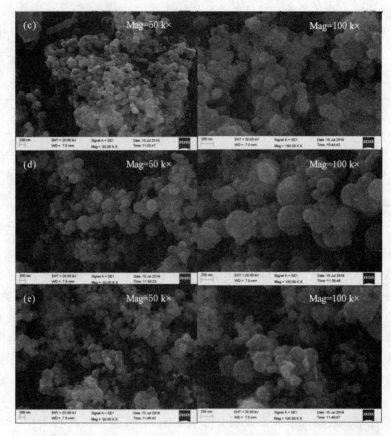

续图 2-11　不同芯壁比条件下制备的五水合硫代硫酸钠/二氧化硅相变微胶囊的 SEM 图

(a) S1；(b) S2；(c) S3；(d) S4；(e) S5

### 2.5.3　十二水合磷酸氢钠/二氧化硅相变纳胶囊制备实验

选择十二水合磷酸氢钠为相变材料，二氧化硅为壁材，采用溶胶-凝胶法制备十二水合磷酸氢钠/二氧化硅相变纳胶囊。

（1）实验材料

制备十二水合磷酸氢钠/二氧化硅相变纳胶囊所使用的主要原材料及试剂如表 2-8 所示。

表 2-8　　　　制备十二水合磷酸氢钠/二氧化硅相变纳胶囊的主要原料及规格

| 原料及试剂 | 英文缩写 | 规　格 |
|---|---|---|
| 十二水合磷酸氢钠 | DHPD | AR |
| 正硅酸四乙酯 | TEOS | AR |
| 十二烷基硫酸钠 | SDS | AR |
| 环己烷 | — | AR |
| 正戊醇 | — | AR |
| 3-氨丙基三乙氧基硅烷 | APTS | AR |

| 原料及试剂 | 英文缩写 | 规　格 |
|---|---|---|
| 无水乙醇 | — | AR |
| 去离子水 | — | AR |

（2）实验步骤

制备十二水合磷酸氢钠/二氧化硅相变纳胶囊的工艺条件如表 2-9 所示，其具体的制备流程如下：

① 将一定量的芯材十二水合磷酸氢钠在 60 ℃ 的水浴锅中密封加热直至完全熔解得到液体 A。

② 将一定量的乳化剂十二烷基硫酸钠与 40 mL 的环己烷在 60 ℃ 温度、600 r/min 的条件下完全混合，得到溶液 B。

③ 将 A 滴加至溶液 B 中，并滴加 5 mL 正戊醇至溶液中，在磁力搅拌器中继续以 600 r/min 的转速搅拌 20 min，再将溶液放置于超声波细胞粉碎机中 30 min，上述过程温度始终保持在 60 ℃。

④ 超声结束后，将溶液置于磁力搅拌器中以 600 r/min 的转速继续搅拌 5 min。

⑤ 在上述溶液中滴加一定量的正硅酸四乙酯，搅拌 5 min 后，滴加 3-氨丙基三乙氧基硅烷（APTS）调节溶液的 pH 值至 10。

⑥ 在 60 ℃ 条件下以 600 r/min 的转速持续搅拌 12 h，得到含有十二水合磷酸氢钠/二氧化硅相变纳胶囊的乳液，将溶液离心、洗涤、干燥，得到十二水合磷酸氢钠/二氧化硅相变纳胶囊。

表 2-9　　　　　　　　十二水合磷酸氢钠/二氧化硅相变纳胶囊的制备配方

| 样品 | DHPD | TEOS | SDS | 去离子水 | 环己烷 | 搅拌温度 | pH 值 | STP∶TEPS∶SDS |
|---|---|---|---|---|---|---|---|---|
| S1 | 15 g | 12 g | 0.3 g | 0 mL | 40 mL | 60 ℃ | 10 | 1∶0.8∶0.02 |
| S2 | 15 g | 15 g | 0.3 g | 0 mL | 40 mL | 60 ℃ | 10 | 1∶1∶0.02 |
| S3 | 15 g | 18 g | 0.3 g | 0 mL | 40 mL | 60 ℃ | 10 | 1∶1.2∶0.02 |
| S4 | 15 g | 21 g | 0.3 g | 0 mL | 40 mL | 60 ℃ | 10 | 1∶1.4∶0.02 |
| S5 | 15 g | 27 g | 0.3 g | 0 mL | 40 mL | 60 ℃ | 10 | 1∶1.8∶0.02 |

（3）实验结果

采用 SEM 对不同芯材与壁材质量比条件下所制备的十二水合磷酸氢钠/二氧化硅相变纳胶囊进行了表征，其微观形貌如图 2-12 所示。

可以看出所制备的相变纳胶囊大部分为形状规则的球状结构。当芯壁比为 1∶0.8 时（样品 S1）和 1∶1 时（样品 S2），所制备的相变纳胶囊大多具有规则的球状结构，但仍有少部分胶囊形状呈椭圆状或不规则形状。相变纳胶囊 S3、S4、S5 的芯壁比在 1∶1.2～1∶1.8 之间，这三组样品的纳胶囊皆呈现出较为规则的球状结构并呈现光滑致密的表面，粒径分布则在芯壁比为 1∶1.8 时达到最佳。结果表明芯材与壁材质量比对于相变纳胶囊的微观形貌和粒径分布具有较大影响。

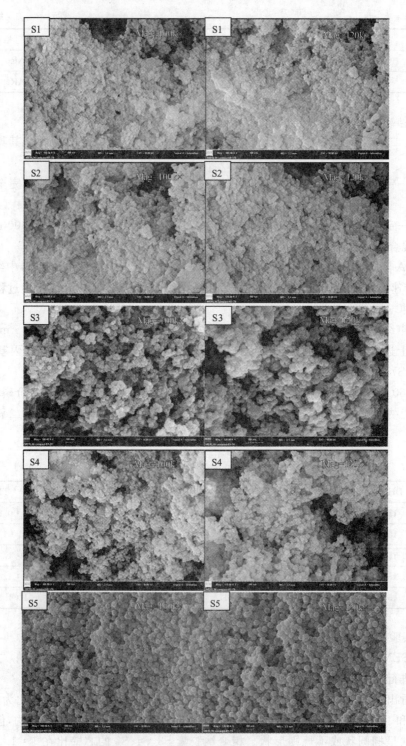

图 2-12　不同芯壁比条件下制备的十二水合磷酸氢钠/二氧化硅相变钠胶囊的 SEM 图

(a) S1；(b) S2；(c) S3；(d) S4；(e) S5

# 第 3 章　相变储能材料形貌测试与分析

## 3.1　引言

通过显微技术对混合相变材料中相变材料和功能强化材料混合情况以及相变胶囊微观形貌进行观察,对指导混合相变材料和相变胶囊的材料设计,揭示微观形貌对相变储能材料传热特性的微观机理具有重要的意义。

微观形貌的观察离不开显微技术,显微技术的核心问题就是将肉眼不能直接观察的物质放大显示以供研究分析,解决这一核心问题的关键在于显微仪器。从 1665 年罗伯特·虎克发明第一台光学显微镜开始,人类第一次走进显微技术。此后光学显微镜得到迅速发展,出现了多种用途的显微镜。但因为成像媒介的限制,光学显微镜的极限分辨率只能达到 200 nm,显然对于更微小的物质结构如病毒、分子、原子等,光学显微镜无能为力。1934 年,德国的 M·克诺尔和 E·鲁斯卡研制出一台分辨率为 50 nm 的电子显微镜(EM,electron microscopye)简称电镜,这台电镜成为当代电镜的祖先。1939 年,第一批商业化生产的透射电镜在德国西门子公司问世。发展至今,电子显微镜可分为扫描电镜与透射电镜两大类,每一大类又包含众多不同种类,如扫描电镜有典型的扫描电镜(SEM,scanning electron microscope)、扫描透射电镜(STEM,scanning transmission electron microscope)、场发射扫描电镜(FESEM,field emission scanning electron microscope)、冷冻扫描电镜(Cryo-SEM, cryo-scanning electron microscope)、扫描隧道显微镜(STM,scanning tunneling microscope)、原子力显微镜(ATM,atomic force microscope)等。透射电镜有典型的透射电镜(TEM,transmission electron microscope)、超高压透射电镜(HVTEM,high voltage electron microscope)、场发射透射电镜(FETEM,field emission transmission electron microscope)等。电镜的分辨率最高达到 0.01 nm,放大倍率高达 150 万倍。本章将对相变储能材料微观形貌测试与分析常用的典型的扫描电镜、透射电镜的原理和结构进行介绍,并结合相变储能材料的微观形貌测试实验进行具体分析。

## 3.2　微观形貌分析实验仪器及原理

### 3.2.1　透射电子显微镜[53]

透射电子显微镜是以波长极短的电子束作为照明源、用电磁透镜聚焦成像的一种高分辨率、高放大倍数的电子光学仪器。1933 年,德国科学家卢斯卡(Ruska)和克诺尔(Knoll)研制出了世界上第一台透射电镜,时至今日透射电镜已经诞生了 70 多年,电镜的分辨能力也比最初时提高了超过 100 倍,达到了亚埃级,并且在自然科学研究中起到非常重要的作用。

### 3.2.1.1　透射电镜的工作原理

透射电镜是把经加速和聚集的电子束投射到非常薄的样品上，这些电子与样品中的原子碰撞后而改变方向，从而在空间中产生立体角散射。散射角的大小与样品的密度、厚度等相关，进而形成亮度不同的影像，最终经再放大、聚焦后在成像元件上进行显示。由于电子的德布罗意波长非常短，透射电子显微镜的分辨率可达到 $0.1\sim0.2$ nm，放大倍数可达到百万倍。因此使用透射电子显微镜可以用于观察样品的精细结构，甚至可以用于观察仅仅一列原子的结构。因此透射电镜常用于纳米尺寸级别的相变材料的微观形貌观察。

在放大倍数较低的时候，材料的不同厚度和成分对电子的吸收不同并因此形成透射电镜的成像对比度。透射电子显微镜的成像原理可分为三种[54]：

① 吸收像：当电子射到质量、密度大的样品时，主要的成像作用是散射作用。样品上质量厚度大的地方对电子的散射角大，通过的电子较少，像的亮度较暗。

② 衍射像：电子束被样品衍射后，样品不同位置的衍射波振幅分布对应样品中不同晶体部分的衍射能力，当出现晶体缺陷时，缺陷部分的衍射能力与完整区域不同，从而使衍射波的振幅分布不均匀，反映出晶体缺陷的分布。

③ 相位像：当样品薄至 100 Å 以下时，电子能够穿过样品，波的振幅变化可以忽略，成像来自于相位的变化。

### 3.2.1.2　透射电镜的结构

透射电子显微镜由三大部分组成：电子光学系统、真空系统和供电控制系统。

（1）电子光学系统

透射电镜电子光学系统如图 3-1 所示，主要由照明部分、成像放大部分和显像部分组成。

① 照明部分

照明部分主要由阴极、阳极、控制极和聚光镜等部件组成。阴极又称灯丝，一般由 $0.03\sim0.1$ mm 的钨丝制成，通常带有负高压，阳极用来加速从阴极发射出的电子。控制极的作用是汇聚电子束，控制电流大小，并调节像的亮度。阴极、阳极和控制极决定电子发射的数目和速度，习惯上统称为"电子枪"。聚光镜的作用是解决由电子之间的斥力和阳极小孔的发散作用引起的电子束穿过阳极小孔后发散的问题，它有增强电子束密度和再一次将发散的电子汇聚起来的作用。

② 成像放大部分

成像放大部分主要由试样室、物镜、中间镜和投影镜等部件组成。试样室位于照明部分和物镜之间，它的主要作用是通过试样台承载试样以及移动试样。物镜是电镜中最为关键的部分，在分析电镜中，使用的皆为双物镜加辅助透镜，试样置于上下物镜之间，上物镜起强聚光作用，下物镜起成像放大作用，辅助透镜是为了进一步改善场对称性而加入的。中间镜和投影镜与物镜相似，但焦距较长，一般都有两个中间镜、两个投影镜。30 万倍以上成像时，物镜、两个中间镜和两个投影镜同时起放大作用。低倍时，关掉物镜，第一个中间镜对试样进行第一次成像，这样因为物距加长，加之改变投影镜的电流，总的放大倍数可在一千倍以下。

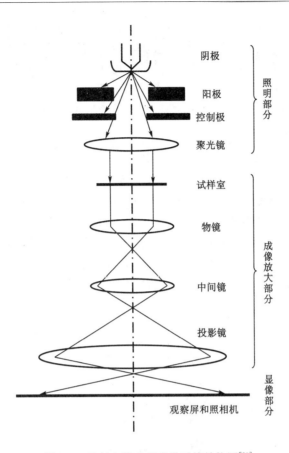

图 3-1　透射电镜电子光学系统结构图[53]

③ 显像部分

显像部分由观察屏和照相机组成。

（2）真空系统

电镜真空系统一般由机械泵、油扩散泵、离子泵、阀门、真空测量仪和管道等部分组成。为了保证电子在整个通道中只与样品发生相互作用，而不与空气分子碰撞，因此整个电子通道从电子枪至照相底板盒都必须置于真空系统之内。如果真空度不够，就会出现下列问题：高压加不上去；成像衬度变差；极间放电；使钨丝迅速氧化，缩短寿命。

（3）供电控制系统

透射电镜需要两部分电源：一是供给电子枪的高压部分，二是供给电磁透镜的低压稳流部分。

### 3.2.2　扫描电子显微镜[55]

扫描电子显微镜简称扫描电镜，是近几十年来发展迅速的一种新型电子光学仪器。它的成像原理与光学显微镜或透射电子显微镜有所不同，不是用透镜放大成像，而是利用聚焦电子束在试样表面扫描时激发产生的某些物理信号来成像。反射式的光学显微镜虽可以直接观察大块试样，但分辨率、放大倍数、景深都比较低。透射电子显微镜分辨率、放大倍数虽高，但对试样的厚度却有严格要求。扫描电子显微镜的出现和不断完善弥补了前两者的一些不足之处,它既可以直接观察大块的试样,又具有介于光学显微镜和透射电子显微镜之间的性能指标。扫描电子显微镜具有试样制备简单、放大倍数连续调节范围大、景深大、分辨率比较高等特点,广泛应用于试样表面分析研究,近年来场发射电子枪的研制成功,又为高分辨率扫描电子显微镜提供了一种较为理想的电子源,使其分辨率有了显著的提高。扫描电子显微镜常用于微米和亚微米级别相变材料的微观形貌观察。

#### 3.2.2.1 扫描电镜的工作原理

扫描电镜的工作原理如图 3-2 所示。热阴极电子枪发射出的电子在高压电场作用下加速,在栅极与阳极之间形成一个笔尖状的具有很高能量的电子束,电子束经过聚光镜的作用在试样表面聚焦,并在物镜上方的扫描线圈作用下,在试样表面扫描。电子束与样品室中的试样相互作用,激发出各种物理信号(二次电子、背散射电子、吸收电子、X 射线、俄歇电子、阴极发光、透射电子等),其强度随试样表面特征而变化。采用不同的探测器可以将试样表面不同的特征信号按顺序、成比例地转换为视频信号。通过对某些物理信号的检测、视频放大和信号处理,获得能反映试样表面特性的扫描图像。

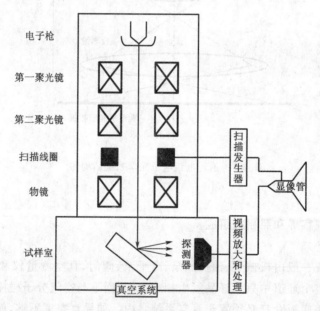

图 3-2    扫描电镜工作原理图[56]

#### 3.2.2.2 扫描电镜的结构

扫描电子显微镜由电子光学系统、扫描系统、信号检测放大系统、图像显示和记录系统以及真空系统等部分组成。

(1) 电子光学系统

电子光学系统由电子枪、电磁聚光镜、光阑、样品室等部件组成,作用是作为激发源产生扫描电子束用以使试样产生各种物理信号。扫描电子束应具有较高的亮度和尽可能小的束斑直径以获得较高的信号强度和扫描像分辨率。电子束斑的亮度和直径与电子枪的类型有关,在高分辨率扫描电子显微镜中一般选用场发射电子枪作为电子源。在扫描电子显微镜的电子光路中,共有 3 个聚光用的电磁透镜,分别为第一聚光镜、第二聚光镜和第三聚光镜

（物镜）。经过电磁透镜二级或三级的聚焦，在试样表面上可得到聚集细的电子束。样品室用来存放试样和标样，样品室上部与电子光学系统相接，使电子光学系统形成的电子束能轰击到试样上所选的分析点；侧面和下部留有一些接口及加有真空密封盖的孔，以备安装各种测量装置、输出测量信号以及加装附件等。

（2）扫描系统

扫描系统的主要作用是采用横向静电场或横向磁场在测试过程中使电子束产生横向偏转。扫描系统可通过双偏转线圈控制，上偏转线圈装在末级聚光镜的物平面位置上。当上、下偏转线圈同时起作用时，电子束在试样表面作光栅扫描，即既有 $x$ 方向的扫描（行扫）又有 $y$ 方向的扫描（帧扫）。通常电子束在 $x$ 方向和 $y$ 方向的扫描总位移量相等，所以扫描光栅是正方形的。当下偏转线圈不起作用、末级聚光镜起着第二次偏转作用时，电子束在试样表面作角光栅扫描（摆动）。

（3）信号检测放大系统

信号检测放大系统的作用是用来收集并放大试样在入射电子束作用下产生的各种物理信号，不同的物理信号对应不同的收集系统类型。最常用的一种信号检测器是闪烁计数器，它由闪烁体、光导管、光电倍增器等器件组成，具有低噪声、宽频带、高增益等特点，可用来检测散射电子、二次电子等信号。

（4）图像显示和记录系统

图像显示和记录系统的作用是将信号检测放大系统输出的调制信号转换为能显示在阴极射线管荧光屏上的图像，以便供观察或记录。

（5）真空系统

真空系统的作用是确保电子光学系统正常工作、防止试样污染、保证灯丝的工作寿命等。

# 3.3　相变储能材料微观形貌测试与分析

### 3.3.1　透射电子显微镜形貌测试实验与分析

#### 3.3.1.1　透射电镜的试样制备方法

在透射电镜显微分析中，由于电子束的穿透能力比较低，用于透射电镜分析的样品必须很薄，除粉末样品外，试样都要制成薄膜。根据样品的原子序数大小的不同，一般用于透射电镜观察的试样的厚度应在 $50 \sim 500$ nm 之间[56]。

（1）粉末样品的制备

将粉末样品分散至蒸馏水或分析纯无水乙醇中，溶液呈透明或半透明状，量约 $3 \sim 5$ mL即可。然后将悬浮液进行超声振荡处理（根据样品情况选做，时间一般设定不超过 20 min），使粉末样品在液体中分散均匀即可制备完成。

（2）块状样品的制备

除少数用物理气相沉积或化学气相沉积等方法直接制备成薄膜外，大多数材料是块体材料，需通过一系列减薄手段制备出电子束能够透过的薄膜。首先从大块试样上切割厚度为 $0.1 \sim 0.3$ mm 的薄片，然后采用机械减薄法对两面进行减薄，具体做法是把切好的薄片用502胶粘在一个大块样品上,然后在砂纸上研磨,从粗砂纸到细砂纸,砂纸号 600～800～1 000,其中一面磨好后,放入丙酮中,溶解502胶。再如前法研磨另一面。薄片减薄至 0.05 mm 左右后,冲成 3 mm 的圆片,再用双喷电解减薄法或者用离子轰击减薄法减薄至 80～150 nm,即可进行电镜观察[57]。

### 3.3.1.2 透射电镜图像分析

本部分选取了五水合硫代硫酸钠/二氧化硅相变微胶囊复合材料利用 TEM 进行形貌实例分析。

图 3-3 为呈规则球状结构且粒径分布均匀的五水合硫代硫酸钠/二氧化硅相变微胶囊形貌分析图。从图 3-3(a)可明显看出相变微胶囊呈球状结构,且胶囊的中心呈黑色,而胶囊的边缘处呈现灰色。从图 3-3(b)中发现胶囊的边缘处存在两种不同的晶体结构,表明壁材二氧化硅将芯材五水合硫代硫酸钠进行了较好的包覆。

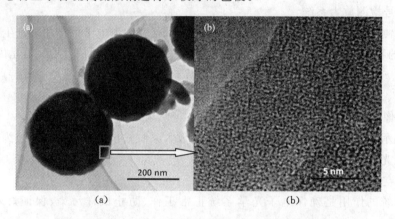

图 3-3　五水合硫代硫酸钠/二氧化硅相变微胶囊 TEM 图

## 3.3.2　扫描电子显微镜形貌测试实验与分析

### 3.3.2.1　扫描电镜的试样制备方法

扫描电镜观察的测试样品必须是固体(块状或粉末),样品处理要求如下[53]:

① 样品表面要处理干净,表面有氧化层或污染物时,要用丙酮等溶剂清洗,在真空条件下能保持长时间稳定;

② 样品必须彻底干燥,对于含有水分的样品要事先干燥;

③ 对非导电样品进行导电处理,即喷镀一层金属膜;

④ 保护样品研究面。

扫描电镜的试样一般为粉末状样品或块状样品,制样方法具体如下[57]:

(1)粉末样品(如石墨烯纳米片、碳纳米管等)的制备

粉末样品的制备包括样品收集、固定和定位等环节。其中粉末的固定是关键,最常用的是胶纸法,先把导电双面胶纸粘在样品座上,然后把粉末撒到胶纸上,吹去未粘贴在胶纸上的多余粉末即可,对于不导电的粉末样品必须喷镀导电层。

(2)块状样品(复合相变材料等)的制备

样品直径一般为 10～20 mm。对于导电性材料注意避免损伤所要观察的新鲜断面,直接切取适合形状并用导电胶粘在样品座上放到扫描电镜中观察。对于导电性差或绝缘的材料,由于在电子束作用下会产生电荷堆积,会阻挡入射电子束进入样品以及阻挡样品内电子射出样品表面,最终导致图像质量下降。因此这类样品用导电胶粘贴到样品座上后,要在离子溅射镀膜仪或真空镀膜仪中喷镀一层金、铝、铜或碳膜导电层。导电层一般为 10 nm 左右,太厚将掩盖样品表面细节,而太薄则会造成图层不均匀,导致局部放电,进而影响图像质量。

#### 3.3.2.2　扫描电镜图像分析

本部分选取了几种常见复合相变储能材料并利用 SEM 进行形貌实验分析,例如石蜡/高导热碳材料(碳纳米管、石墨烯纳米片、膨胀石墨)复合材料、石蜡/高岭土复合材料、相变微胶囊(有机、无机壁材)、相变微胶囊/高导热碳材料复合材料、硅藻土/无机盐复合材料。

(1) 石蜡/高导热碳复合材料

图 3-4 为三种不同碳材料(C0:碳纳米管、G0:石墨烯、E0:膨胀石墨)及其对应复合相变材料(C1、G1、E1)的微观结构图。可以看出,C0 空间呈球状聚集状态,复合相变材料 C1 中的 C0 通过分散后较均匀分布在石蜡中。G0 呈层状堆叠结构,呈二维空间延伸,表面平滑且具有很高的比面积,复合相变材料 G1 呈层状结构,可以看到石蜡均匀地附着在 G0 表面且完全覆盖。E0 呈不规则多孔结构,壁面呈三维空间结构,复合相变材料 E1 中绝大多数石蜡都被吸附在 E0 空隙中,少量附着在壁面。对比 3 种填充物,E0 因其多孔结构具有的吸附性使其与石蜡附合效果最好。

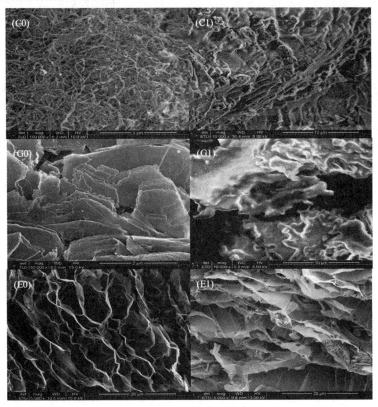

图 3-4　多种高导热碳材料(C0:碳纳米管、G0:石墨烯、E0:膨胀石墨)

及与石蜡复合相变材料(C1:碳纳米管/石蜡、G1:石墨烯/石蜡、E1:膨胀石墨/石蜡)微观形貌图

（2）石蜡/高岭土复合材料

图 3-5 展示了平均粒径为 3.6 μm 的高岭土和高岭土/石蜡复合相变材料的扫描电镜照片。如图所示，高岭土有不规则的片状结构。石蜡或覆盖在高岭土表面形成外壳，或嵌入到高岭土晶体结构中。扫描电镜图像显示了由于高岭土的不规则形态，复合材料也呈现出不规则形状。由于相对较大的比表面积，在复合材料中表面较为平滑度。

图 3-5　高岭土(a)及与石蜡复合相变材料(b)微观形貌

（3）相变微胶囊（有机壁材）

采用 SEM 对不同乳化剂含量下制备的七水合硫酸镁/脲醛树脂相变微胶囊的微观形貌进行了观察，其微观形貌如图 3-6 所示，图中所制备的样品配方如表 3-1 所示。从图中可以看出，相变微胶囊 S1 中的微观形状不一，但大多数微胶囊呈现出球状结构或椭圆体结构，且表面粗糙并附着有许多微小颗粒。在相变微胶囊 S2 中，大部分微胶囊的微观形貌呈现出规则的球状结构，但仍有少部分胶囊呈现出不规则的形状，且表面粗糙，同时也附着有少量的微小颗粒。从相变微胶囊 S3 的微观形貌中可以看出，微胶囊的微观形貌呈现出规则的球状结构，且表面光滑紧凑，也没有微小颗粒附着。从相变微胶囊 S4 的微观形貌可以发现，S4 除了存在规则的球状结构，也存在不规则形状的微胶囊，表面与 S1、S2 一样也附有微小的颗粒，且微胶囊之间出现团聚的现象。相变微胶囊的 SEM 测试结果表明，乳化剂含量对胶囊的微观形貌有很大的影响。当乳化剂的添加含量为 0.5 g 时，所制备的七水合硫酸镁/脲醛树脂相变微胶囊微观形貌呈现出规则的球状结构，且表面光滑紧凑。

表 3-1　　　　　　　　　　　七水合硫酸镁/脲醛树脂相变微胶囊的制备配方

| 样品 | 七水合硫酸镁/g | 尿素/g | 甲醛/g | 乳化剂/g |
|---|---|---|---|---|
| S1 | 37 | 4.5 | 3.375 | 0.3 |
| S2 | 37 | 4.5 | 3.375 | 0.4 |
| S3 | 37 | 4.5 | 3.375 | 0.5 |
| S4 | 37 | 4.5 | 3.375 | 0.6 |

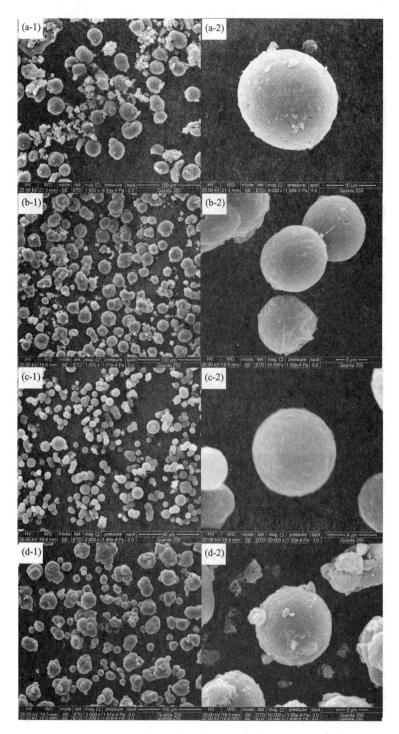

图 3-6　七水合硫酸镁/脲醛树脂相变微胶囊的扫描电镜图

（a）S1；（b）S2；（c）S3；（d）S4

（4）相变微胶囊（无机壁材）

不同搅拌速率条件下制备的五水合硫代硫酸钠/二氧化硅相变微胶囊的微观形貌如

图 3-7 所示。

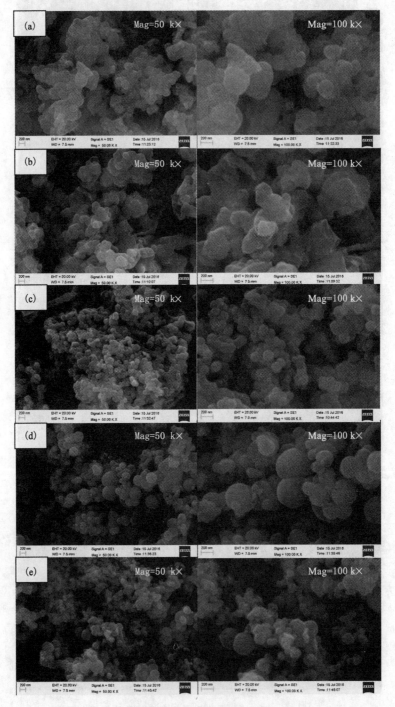

图 3-7　不同搅拌速率下制备的五水合硫代硫酸钠/二氧化硅相变微胶囊的 SEM 图
(a) S1；(b) S2；(c) S3；(d) S4；(e)；S5

　　从图中可以看出搅拌速率对相变微胶囊的形貌和粒径有很大的影响。当搅拌速率为
200 r/min(微胶囊 S1)时，相变微胶囊呈不规则形状，并且发生严重团聚。当搅拌速率为

400 r/min(微胶囊 S2)、600 r/min(微胶囊 S3)、800 r/min(微胶囊 S4)和 1 000 r/min(微胶囊 S5)时,相变微胶囊呈规则的球状结构,且表面光滑致密,但微胶囊 S2 和 S4 中有部分胶囊发生团聚,微胶囊 S5 粒径分布极不均匀。因此,搅拌速率在 200～1 000 r/min 范围内,当搅拌速率为 600 r/min 时所制备的相变微胶囊粒径分布最均匀。

(5)相变微胶囊/高导热碳材料复合材料

多层石墨烯/相变微胶囊、纳米铜/相变微胶囊和膨胀石墨/相变微胶囊的复合相变材料的微观形貌如图 3-8 所示。从图中可以看出,多层石墨烯/相变微胶囊复合材料中石墨烯附着在石蜡/密胺树脂相变微胶囊的表面,但并非每个石蜡/密胺树脂相变微胶囊上都粘有多层石墨烯,而是石墨烯不连续地分布在石蜡/密胺树脂相变微胶囊体系中。在纳米铜/相变微胶囊复合材料中,纳米铜附着于相变微胶囊的表面,且每个相变微胶囊上均附着多个纳米铜粒子,在纳米铜/相变微胶囊复合相变材料体系,纳米铜粒子均匀分布在石蜡/密胺树脂相变微胶囊之间,可有助于提高单个相变微胶囊之间的热量传递速率。在膨胀石墨/相变微胶囊复合相变材料中,膨胀石墨片层将许多相变微胶囊覆盖,这样可有效地增加单个微胶囊之间传热面积,进而提高膨胀石墨/相变微胶囊复合相变材料储能体系的传热速率。

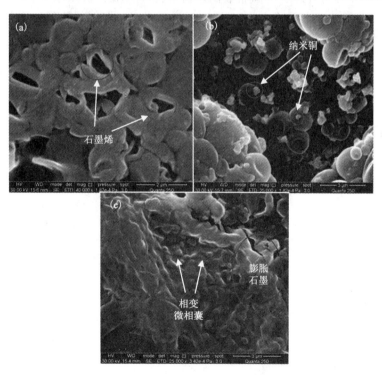

图 3-8　高导热材料/相变微胶囊复合材料扫描电镜图

(a) 石墨烯/相变微胶囊;(b) 纳米铜/相变微胶囊;(c) 膨胀石墨/相变微胶囊

(6)硅藻土/无机盐复合材料

纯硅藻土及硅藻土/六水合硝酸镁微观结构如图 3-9 所示。在图 3-9(a)和图 3-9(b)中,可以清晰观察到硅藻土具有多孔的网状结构及高孔隙度。然而,图 3-9(a)有一些杂质和碎片。在图 3-9(c)和图 3-9(d)中,大部分六水合硝酸镁完全填充硅藻土孔隙中,少部分未填满孔隙如图 3-9(b)中圆圈所示。

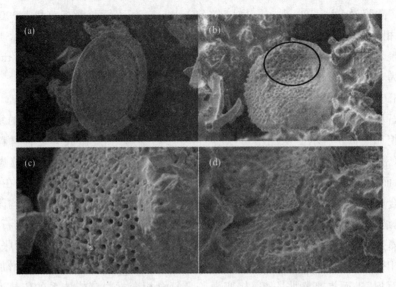

图 3-9　不同倍率下硅藻土(a:5 000X、b:10 000X)及
硅藻土/六水合硝酸镁(c:5 000X、d:10 000X)微观形貌图

# 第 4 章 核壳结构胶囊粒径分布测试与分析

## 4.1 引言

相变胶囊是以相变材料作为芯材,以高分子聚合物、二氧化硅、碳酸钙等为壁材对相变材料进行封装制备而成[58]。相变材料胶囊化后,则变成了一种具有"核-壳"结构的新型复合材料。相变胶囊的粒径是表征该材料最基本的参数之一,该参数有助于了解材料的性质,特别是对于在微/纳尺度下研究其传热机理与流动状态有着重要的意义。如在微通道换热器中使用相变微/纳胶囊悬浮液进行能量储存与热量交换时,微/纳胶囊的粒度大小对流体在微通道中的流动与传热具有较大的影响。因此,选择合适粒径的相变微/纳胶囊对优化储热过程的传热性能有着重要意义。

通过实验制备的微胶囊形态各不相同,尺寸范围也在很大的范围内变化,其外貌形态主要分为球形和非球形。对于球形微胶囊的粒度分布表征比较简单,但一些不规则体的相变微胶囊的表征却较为复杂。图 4-1 为不同形态的相变微胶囊扫描电镜图。

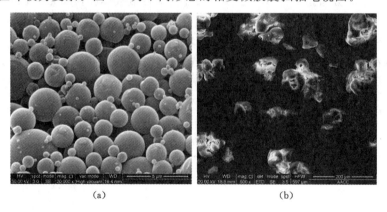

(a) (b)

图 4-1 相变胶囊的微观形貌[59]

(a) 球状相变胶囊;(b) 形状不规则的相变胶囊

表面光滑的球形相变微胶囊颗粒的粒度可用它的直径进行表征,但对于形状不规则的颗粒则采用表 4-1 所示的几种表征颗粒粒度的方法进行表征。

表 4-1            几种表征颗粒粒度的方法

| 表征参考量 | 详 述 |
| --- | --- |
| 体积直径 $D_v$ | 与颗粒体积相同的球的直径 |
| 表面积直径 $D_s$ | 与颗粒表面积相同的球的直径 |

| 表征参考量 | 详　述 |
|---|---|
| 体积表面积直径 $D_{sv}$ | 与颗粒体积与表面积比相同的球的直径 |
| 阻力直径 $D_d$ | 与颗粒在相同黏度介质中以相同速度运动时受到相同阻力的球的直径 |
| 自由沉降直径 $D_f$ | 与颗粒密度相同，在相同密度和黏度的介质中具有相同自由沉降速度的球的直径 |
| 斯托克斯直径 $D_{st}$ | 在层流区的自由沉降直径 |
| 投影面积直径 $D_a$ | 与静止颗粒有相同投影面积的圆的直径 |
| 筛分直径 $D_A$ | 颗粒刚能通过的最小方孔的宽度 |
| Feret 直径 $D_f$ | 在一定方向与颗粒投影面两边相切的两平行线的距离 |
| Martin 直径 $D_m$ | 在一定方向与颗粒投影面成等面积的弦长 |

从表 4-1 中可以看出表征粒度有很多种方法，大致可以分为相当球直径、相当圆直径和统计直径几类。在对相变微胶囊颗粒群进行粒度分布表征时，其分布规律可分为单峰分布和多峰分布等形式。其中，如果组成颗粒群的所有颗粒均具有相同或相近的粒度，则称该颗粒群为单分散的。当颗粒群中颗粒粒度分布不一时，则称为多分散的。值得注意的是，颗粒群尺寸或粒度分布指组成颗粒群的所有颗粒尺寸大小的规律。实际的颗粒群的粒度分布严格意义上是不连续的，只有当测量数目很大时，可以认为是连续的。根据物理意义的不同，表达颗粒群粒度分布的方法可以分为颗粒数分布和颗粒体积分布，其又可以分为频度分布和累积分布。频度分布又称频率分布，是指落在某个尺寸范围内的颗粒数或颗粒体积占总量的百分率。累积分布指大于或小于某一尺寸的颗粒数或体积占总量的百分率。

目前在对颗粒进行粒度分布测试前都需要对颗粒进行充分分散，使粒子不发生团聚且不与分散介质发生化学反应，这是保证测量结果正确的重要前提。目前常见的相变微/纳胶囊主要分为有机类与无机类。其中分散介质的选择采用相似极性原则，即非极性颗粒易于在非极性介质中分散，极性颗粒易于在极性介质中分散。常用的分散介质与分散相如表 4-2 所示。

表 4-2　　　　　　　　　　常用的分散介质与分散相[60]

| 分散介质 | | 分散相 |
|---|---|---|
| 水 | | 大多数无机盐、氧化物、硅酸盐、<br>无机颗粒、金属颗粒等 |
| 有机极性液体 | 乙醇、乙二醇、甘油、丙酮等 | 无机颗粒、金属颗粒 |
| 有机非极性液体 | 环己烷、二苯甲、苯、四氯化碳、煤油、烷烃类等 | 大多数疏水颗粒等 |

# 4.2　粒径分布测量原理

目前粒度分布的测量方法主要包括光散射法、超声波法、电感应法、显微镜法以及沉降法等。其中伴随着激光技术、光电技术以及计算机技术的进步，基于光散射原理的光学测量技术因其具有独特的优势得到了飞速发展。光散射法较其他测量技术具有如下优点：

① 适用性广,分别可以对固体颗粒、液体颗粒以及气体颗粒进行测量;

② 测量范围宽,能够测量纳米级别到微米级别甚至更大的区间;

③ 精度高,重复性好,对于单分散高分子聚合物标准颗粒的测量误差和重复性偏差可以维持在 $1\%\sim2\%$ 之间;

④ 测量速度快;

⑤ 所需被测量颗粒以及分散介质的物性参数量少,一般知道折射率即可;

⑥ 仪器自动化程度高,可在线测量。

因此,目前基于光散射法测量颗粒粒度分布的应用较为成熟,本小节主要介绍光散射测量颗粒粒度的原理。光散射法的原理是当光束入射到颗粒上时会向四周进行散热,散射参数与颗粒的粒径密切相关,传感器通过接受相关光信号,并对数据进行分析便可得到颗粒的粒径值。光散射法根据光接收信号不同可以分为角散射法、衍射散射法、光谱消光法以及激光全息测量法等。

(1) 角散射法

角散射法是在测量系统中多个位置固定安装光学传感器,传感器接收特定的光散射信号,然后对光信号进行分析,得到颗粒粒度分布结果。图 4-2 为角散射法工作原理示意图。

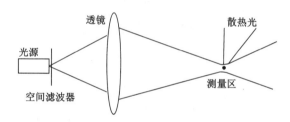

图 4-2　角散射法工作原理示意图[61]

角散射法颗粒测量技术是基于 Mie 理论而建立的,通过 Mie 散射理论对待测颗粒系的颗粒数目及粒径的进行测量。角散射具有测量精确、快速、自动化程度高等优点,其被广泛应用于粉尘工业、制药工业、环境监测等领域,待测颗粒系粒径范围在 $0.3\sim1\,200\ \mu m$ 的颗粒物可适用角散射法。角散射法对于测量仪器精度要求较高,对于光学测量系统具有严格的精密性条件,对于浓度较高的待测颗粒系的测量有一定局限性。

(2) 衍射散射法

衍射散射法的工作原理示意图如图 4-3 所示,该系统由激光发射器做光源系统,光源

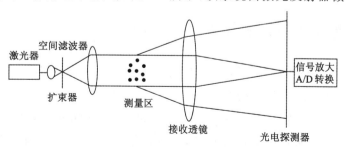

图 4-3　衍射散射法的工作原理示意图[61]

发出光束经过滤波器与扩束器后变成单色光,该光束再经准直透镜会聚后产生平行入射光,平行入射光穿过待测颗粒系,待测颗粒物在入射光的透射中在照射点前方处一较少的角度内发生衍射,衍射光的强度分布与颗粒系的颗粒粒径分布信息具有关联性,通过分析衍射散光强度与照射点前方衍射角等信息得到颗粒粒径分布数据,从而实现颗粒粒径分布测量。

衍射定律对于颗粒粒径具有一定的局限性,由于衍射定律对于直径小于或近似于入射波长的颗粒物不能应用,所以待测颗粒系的颗粒物直径一般须大于 3 $\mu m$。近年来,为了提高散射衍射法的测量精度,研究人员将 Mie 散射理论结合其他原理方法,对衍射散射法进行优化,提高了测量系统的稳定性和测量精度,同时提高了颗粒粒径测量范围,有效增加了衍射散射法的适用性。

（3）光谱消光法

光谱消光法测量颗粒粒径的原理如图 4-4 所示。当一束直径远大于被测颗粒粒径、强度为 $I_0$ 的光线入射到被测颗粒后,由于颗粒的散热和吸收作用,光强衰减为 $I$。该方法的原理是基于著名的 Lambert-Beer 定理而得到。

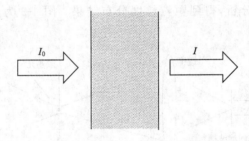

图 4-4　光谱消光法测量原理[61]

消光法进行粒度测试时对设备要求低,光源采用非激光光源,具有操作简单、测量速度较快、准确以及自动化程度高等优点,适用于实时在线测量。该方法能够对粒度区间为 3 nm～10 $\mu m$ 的粒度进行精确测量。

（4）激光全息测量法

激光全息测量法是近年兴起的一种新型测试方法,该方法是利用高速摄像仪对颗粒的运动形态进行拍摄并记录,然后采用图像处理技术对颗粒的粒径进行表征。该方法能够对颗粒进行三维形体测量,是一种高效、精确的测量方法。但是该方法对系统硬件和分析系统要求高,需要能够完成颗粒的准确拍摄并保存和处理大量的数据,仪器比较昂贵。

## 4.3　核壳结构胶囊粒径测试实验与分析

本节针对核壳结构的胶囊粒径测试实验过程与结果分析进行介绍。

### 4.3.1　核壳结构胶囊粒径测试实验过程

采用 BT-9300H 型激光粒度分布仪对核壳结构的胶囊进行粒度分布测试。该仪器是一款基于米氏散射理论而研发的高性能仪器,其性能指标与实物图分别如表 4-3 与图 4-5 所示。

| 表 4-3 | 性 能 指 标 | |
|---|---|---|
| 测试范围 | $0.1 \sim 340 \ \mu m$ | |
| 进样方式 | 外置蠕动循环分散进样系统 | |
| 重复性误差 | $<1\%$（标样 D50 偏差） | |
| 准确性误差 | $<1\%$（标样 D50 偏差） | |
| 测量原理 | 米氏散射理论 | |
| 激光光源 | 进口光纤半导体激光器 | |
| 软件运行环境 | WindowsXP、Win7 | |
| 接口方式 | RS232 或 USB 方式 | |
| 光电探测器 | 76 个 | |
| 超声波功率 | 50 W | |
| 循环池容积 | 500 mL | |
| 循环流量 | 1 500 mL/min | |
| 电压 | 220 V、50/60 Hz | |
| 功率 | 120 W | |
| 外形尺寸 | 720 mm×300 mm×280 mm | |

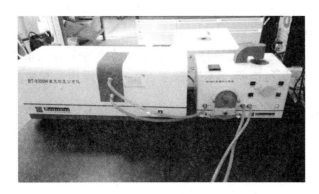

图 4-5　粒度分布测试仪

核壳结构的胶囊粒度分布测试过程如下：

（1）操作前准备

① 将粒度仪、电脑等连接好，并接通电源。

② 向循环分散器的循环池和分散池中加去离子水至分散池的标定刻度即可。

③ 准备好样品池、蒸馏水、取样勺、搅拌器、取样器等实验用品。

④ 取样相变微胶囊，取样时要尽量多部位取样。

⑤ 使用微量样品池时进行操作前准备，将去离子水倒入烧杯中，然后加入相变微胶囊，并进行充分搅拌，放入超声波分散器中进行分散。

（2）使用循环分散器的操作步骤

① 准备:打开循环分散器的电源,将"循环-排放"旋钮调至"循环"状态,检查蠕动管是否有磨损现象,将泵头压下。

② 测量"背景":打开"循环泵"开关时介质处于循环状态,当介质充满管路,并从回水口流回循环池后,就可以测量"背景"了。

③ 加样与分散:关闭循环泵开关,停止循环,向容器中加入样品,试样量大约在 1/5～1/3勺之间。

④ 打开搅拌器开关,打开超声波开关,对样品进行分散与均化处理 3～5 min。

⑤ 打开"循环泵"开关,启动测试程序进行"浓度"测试。

⑥ 调整样品浓度到合适的测量范围。样品浓度太高时,打开搅拌器开关将样品充分搅拌均匀,将"循环—排放"旋钮置于"排放"状态,排出一部分样品后,将"循环—排放"旋钮置于"循环"状态,然后加水稀释直到浓度合适为止。浓度太低时,关闭循环泵开关,再向循环池中再加入适量样品,打开搅拌器和超声波开关进行分散,然后打开循环泵开关测试浓度,直到浓度适宜为止。

⑦ 单击"测量-测试"菜单,进行粒度分布测试。

⑧ 测试结束后,将"测量—排放"旋钮选至"排放"处,样品将从"排放"口流出。全部排放完以后,再向容器中加入大约 300 mL 去离子水,将"顺—逆"开关切换两次,然后将"顺—逆"开关置于"顺"状态;将"循环—排放"旋钮在"循环"和"排放"状态切换两次,再旋至"排放"状态,将容器中的液体排放干净。再向容器中加入 300 mL 去离子水,重复上述过程,直到容器、管路、测量窗口都冲干净为止。

(3) 使用微量样品池的步骤

① 取一个样品的样品池,手持侧面(不得持正面),加入去离子水,使液面的高度达到样品池高度的 3/4 左右,装入洗干净的搅拌器,将有标记的面朝前,用纸巾将外表面擦干净,将样品池插入到仪器中,压紧搅拌器,盖好测试室上盖,打开搅拌器开关,启动电脑进行背景测试。

② 将分散好的悬浮液用搅拌器充分搅拌(约 30 s),用专用注射器插到悬浮液的中部,边移动边连续抽取 4～6 mL 悬浮液,注入适量悬浮液到样品池中,盖好测试室上盖,单击"测量—测试"菜单,进行浓度测试。

③ 调整浓度到合适的测量范围。

④ 单击"测量—测试"菜单,进行粒度测试。

⑤ 测试结束后,取出样品池,倒出悬浮液,将样品池放到水中,用专用的样品池刷沾少许洗涤剂,将样品池的里外各面洗刷干净,清洗时手持样品池侧面,并注意不要划伤或损坏样品池。洗刷干净后用蒸馏水冲洗,再用纸巾将样品池表面擦干、擦净。

### 4.3.2 核壳结构相变胶囊粒径测试结果与分析

(1) 石蜡/密胺树脂相变微胶囊的粒径分布测试结果与分析

通过上述的实验步骤对石蜡/密胺树脂相变微胶囊的粒度分布进行测试,测试结果如表4-4与图4-6所示。从上述数据可以看出,相变微胶囊的粒度分布情况呈单峰分布,其粒度分布区间在 0.262～117.1 $\mu m$ 之间,其体积平均粒径为 27.42 $\mu m$。

表 4-4　　　　　　　　　　　　　相变微胶囊的粒径分布区间

| 粒径 /μm | 区间 /% | 累积 /% | 粒径 /μm | 区间 /% | 累积% | 粒径 /μm | 区间 /% | 累积 /% | 粒径 /μm | 区间 /% | 累积% |
|---|---|---|---|---|---|---|---|---|---|---|---|
| 0.111 | 0 | 0 | 0.85 | 0.37 | 2.2 | 6.505 | 1.43 | 15.34 | 49.74 | 4.65 | 85.81 |
| 0.123 | 0 | 0 | 0.947 | 0.38 | 2.58 | 7.241 | 1.6 | 16.94 | 55.36 | 4.06 | 89.87 |
| 0.137 | 0 | 0 | 1.054 | 0.38 | 2.96 | 8.059 | 1.77 | 18.71 | 61.61 | 3.38 | 93.25 |
| 0.153 | 0 | 0 | 1.173 | 0.38 | 3.34 | 8.97 | 1.93 | 20.64 | 68.58 | 2.6 | 95.85 |
| 0.17 | 0 | 0 | 1.305 | 0.38 | 3.72 | 9.983 | 2.06 | 22.7 | 76.33 | 1.92 | 97.77 |
| 0.19 | 0 | 0 | 1.453 | 0.4 | 4.12 | 11.11 | 2.2 | 24.9 | 84.95 | 1.24 | 99.01 |
| 0.211 | 0 | 0 | 1.617 | 0.43 | 4.55 | 12.36 | 2.3 | 27.2 | 94.55 | 0.67 | 99.68 |
| 0.235 | 0 | 0 | 1.8 | 0.47 | 5.02 | 13.76 | 2.51 | 29.71 | 105.2 | 0.26 | 99.94 |
| 0.262 | 0.01 | 0.01 | 2.003 | 0.5 | 5.52 | 15.32 | 2.78 | 32.49 | 117.1 | 0.06 | 100 |
| 0.291 | 0.02 | 0.03 | 2.23 | 0.55 | 6.07 | 17.05 | 3.17 | 35.66 | 130.3 | 0 | 100 |
| 0.324 | 0.06 | 0.09 | 2.482 | 0.59 | 6.66 | 18.97 | 3.64 | 39.3 | 145.1 | 0 | 100 |
| 0.361 | 0.08 | 0.17 | 2.762 | 0.63 | 7.29 | 21.12 | 4.25 | 43.55 | 161.4 | 0 | 100 |
| 0.402 | 0.13 | 0.3 | 3.075 | 0.7 | 7.99 | 23.51 | 4.82 | 48.37 | 179.7 | 0 | 100 |
| 0.447 | 0.16 | 0.46 | 3.422 | 0.75 | 8.74 | 26.16 | 5.24 | 53.61 | 200 | 0 | 100 |
| 0.498 | 0.2 | 0.66 | 3.809 | 0.82 | 9.56 | 29.12 | 5.57 | 59.18 | 222.6 | 0 | 100 |
| 0.554 | 0.24 | 0.9 | 4.239 | 0.91 | 10.47 | 32.41 | 5.71 | 64.89 | 247.8 | 0 | 100 |
| 0.617 | 0.28 | 1.18 | 4.718 | 1.02 | 11.49 | 36.07 | 5.66 | 70.55 | 275.8 | 0 | 100 |
| 0.686 | 0.31 | 1.49 | 5.251 | 1.14 | 12.63 | 40.15 | 5.48 | 76.03 | 306.9 | 0 | 100 |
| 0.764 | 0.34 | 1.83 | 5.845 | 1.28 | 13.91 | 44.69 | 5.13 | 81.16 | 341.6 | 0 | 100 |

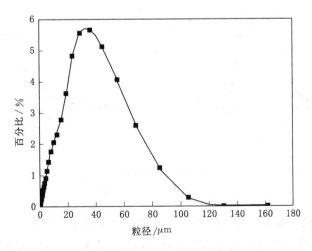

图 4-6　相变微胶囊的粒径分布

(2)七水合硫酸镁/脲醛树脂相变微胶囊的粒径分布测试结果与分析

对七水合硫酸镁/脲醛树脂相变微胶囊的粒径分布进行了测试。研究不同乳化剂含量对相变微胶囊粒径分布的影响规律,七水合硫酸镁/脲醛树脂相变微胶囊的制备配方如表4-5 所示。

**表 4-5** 七水合硫酸镁/脲醛树脂相变微胶囊的制备配方

| 样 品 | 七水硫酸镁/g | 尿素/g | 甲醛/g | 十二烷基苯磺酸钠/g |
|---|---|---|---|---|
| S1 | 37 | 4.5 | 3.375 | 0.3 |
| S2 | 37 | 4.5 | 3.375 | 0.4 |
| S3 | 37 | 4.5 | 3.375 | 0.5 |
| S4 | 37 | 4.5 | 3.375 | 0.6 |

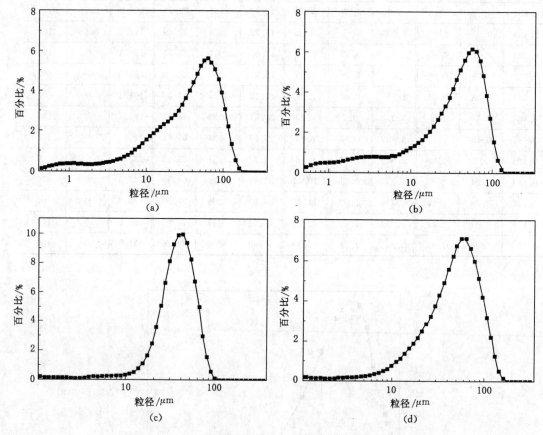

图 4-7 七水合硫酸镁/脲醛树脂相变微胶囊的粒径分布
(a) S1;(b) S2;(c) S3;(d) S4

七水合硫酸镁/脲醛树脂相变微胶囊的粒径测试结果如图 4-7 所示。从图中可以看出相变微胶囊 S1～S4 的粒径分布各不相同,整体均呈单峰分布。相变微胶囊 S1、S2、S3、S4 的粒径范围分别为 0.3～160 μm[如图 4-7(a)所示]、0.3～130 μm[如图 4-7(b)所示]、0.2～95 μm[如图 4-7(c)所示]、0.2～160 μm[如图 4-7(d)所示],平均粒径分别为 43.0 μm、37.1 μm、34.99 μm、48.16 μm。在这四种相变微胶囊的粒径分布中,以微胶囊 S3 的粒径分布最窄,说明微胶囊 S3 的粒径要较 S1、S2、S4 的粒径分布更为均匀。通过相变微胶囊的粒径分布测试结果表明,乳化剂的含量对七水合硫酸镁/脲醛树脂相变微胶囊的粒径分布有很大的影响,当乳化剂含量增加时,微胶囊的粒径分布变窄,同时平均粒径也开始降低;但当乳化剂增加到一定的量再继续增加时,粒径分布又开始变宽,同时平均粒径也开始增大。在本次七水合硫酸镁/脲醛树脂相变微胶囊的制备中,当乳化剂的含量为 0.5 g 时,所制备出的相变微胶囊粒径较为均匀。

# 第 5 章  复合储能材料化学结构测试与分析

## 5.1  引言

相变储能材料在应用过程中大部分都需要与其他材料进行混合或进行胶囊化制备成复合相变材料。在复合相变材料的制备过程中,有的是物理混合过程,有的发生化学变化。相变材料在混合前后化学性质是否发生变化,相变材料的胶囊化是否成功,都需要对相变材料混合或胶囊化前后的化学结构特性进行测试分析来判定。因此,本章针对相变储能材料化学结构特性的测试方法及原理进行介绍。

目前,常用来分析相变储能材料化学结构的仪器主要有傅立叶红外光谱仪(FTIR, Fourier transform infrared spectroscopy)、X 射线衍射仪(XRD,X-ray diffraction)、X 射线光电子能谱分析仪(XPS,X-ray photoelectron spectroscopy)、能量色散 X 射线光谱仪(EDX,energy dispersive X-ray spectroscopy)。本章主要围绕上述几种化学结构测试仪器原理进行介绍,并通过具体的实验来介绍相变储能材料化学结构特性的测试过程和分析方法。

## 5.2  化学结构测试方法及原理

### 5.2.1  傅立叶红外光谱仪[62]

红外吸收光谱最突出的特点是具有高度的特征性,除光学异构体之外,每种化合物都有各自的红外吸收光谱。红外光谱法就是通过测试物质中分子的振动对光谱的吸收频率进行物质的鉴定,因此可以用来测试相变储能材料的化学结构特性。分子的振动主要有双原子分子振动和多原子分子的简正振动。虽然目前还很难从理论上清楚地阐明红外光谱与分子结构间的相互关系,但在长期的光谱研究工作中,科学家们已经从大量的光谱资料中归纳出了许多用于基团分析、分子结构团鉴定的规律。红外光谱法常用于有机物、高聚物和其他复杂结构的天然或人工合成材料的鉴定。在采用红外光谱法测试过程中具有不破坏样品、分析速度快、试样用量少和操作简便等优点。

目前红外吸收光谱测试中最常用的仪器是傅立叶变换红外光谱仪(FTIR),它主要是由光源、迈克尔逊干涉仪、探测器和计算机等部件组成,其工作原理如图 5-1 所示。

在测试样品时,光源发出的红外辐射在通过迈克尔逊干涉仪中的测试样品后变成带有样品信息的干涉图。干涉图通过放大器放大,经过 A/D 转换器(模拟—数字)进行计算后,再经过 D/A 转换器(数字—模拟),并进行波数分析器扫描,便得到被测样品的红外光谱。

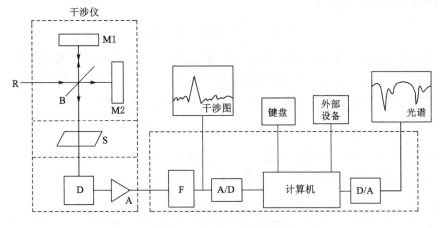

图 5-1　FTIR 工作原理图

R——红外光源;M1——定镜;M2——动镜;B——光束分裂器;S——样品;D——探测器;

A——放大器;F——滤光器;A/D——模/数转换器;D/A——数/模转换器

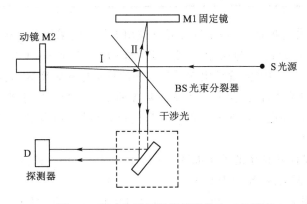

图 5-2　迈克尔逊干涉仪的结构和工作原理

傅立叶变换红外光谱仪的核心部分是迈克尔逊干涉仪。迈克尔逊干涉仪主要由固定镜 M1、动镜 M2、光束分裂器 BS 和控制器 D 组成。当 S 发出的入射光进入干涉仪后,入射光被光束分裂器分裂成透射光 Ⅰ 和反射光 Ⅱ,透射光 Ⅰ 经过 M2 反射后回到半透膜上并被反射到探测器 D 中,反射光 Ⅱ 由固定镜 M1 反射后也通过半透膜到达探测器。因此,探测器 D 上便得到透射光 Ⅰ 和反射光 Ⅱ 的相干光。

当进入干涉仪的为波长 λ 的单色光时,随着动镜 M2 的移动,两光的光程差 $x$ 为波长 λ 的整数倍时,将会发生相长干涉。当光程不是波长整数倍时,则会发生相消干涉。因此,当动镜 M2 匀速向 BS 移动时,两束光的光程差也会连续变化,就会得到干涉图 $I(x)$,即:

$$I(x) = B(\nu)\cos 2\pi\nu x \qquad (5\text{-}1)$$

式中,$I(x)$ 为干涉图强度;$x$ 为透射光 Ⅰ 和反射光 Ⅱ 的光程差;$B(\nu)$ 为入射光的强度;$\nu$ 为频率。

当入射光为连续波长的多色光时,得到的干涉图则是具有中心极大并向两边迅速衰减

的对称图像,其数学表达式为:

$$I(x) = \int_{-\infty}^{+\infty} B(\nu)\cos 2\pi x\nu \mathrm{d}\nu \tag{5-2}$$

多色光的干涉图等于所有各单色光干涉图的加合。当这些光经过测试样品后,由于样品吸收掉某些频率的能量,所得到的干涉图强度曲线就会发生变化,再将得到的干涉图通过傅立叶变换后,便得到通过率随波数 $\bar{\nu}$ 变化的红外光谱图 $B(\nu)$,即

$$B(\nu) = \int_{-\infty}^{+\infty} I(x)\cos 2\pi x\nu \mathrm{d}x \tag{5-3}$$

红外光谱位于可见光和微波区之间,波长范围为 $0.7\sim300~\mu$。红外区主要分为三个部分:近红外区、中红外区和远红外区,具体如表 5-1 所示。

表 5-1                                          红外光谱区

| 区　域 | 能级跃迁类型 | 波长/$\mu m$ | 波数/$cm^{-1}$ |
| --- | --- | --- | --- |
| 近红外区 | 倍频 | $0.75\sim2.5$ | $13\,300\sim4\,000$ |
| 中红外区 | 振动 | $2.5\sim25$ | $400\sim4\,000$ |
| 远红外区 | 转动 | $25\sim300$ | $400\sim33$ |

中红外区(也可称为振动光谱)是红外光谱应用中最广泛采用的。按照光谱与分子结构的特征可将整个红外光谱分为两个区域,即官能团区($4\,000\sim1\,330~cm^{-1}$)和指纹区($1\,330\sim400~cm^{-1}$)。官能团区就是化学键和基团的特征振动频率区,它的吸收光谱主要反映分子中特征基团的振动,该区主要用于特征基团的鉴定。指纹区主要反映单键的伸展振动和各种弯曲振动,每种化合物在该区都有独特的谱带位置,相当于人的指纹,因此用于认证有机化合物非常可靠。

红外光谱区域基团和频率的关系如图 5-3 所示。通常将中红外区分为 4 个区:

(1) X—H 伸缩振动区(X 代表 C、O、N、S 等原子)

该区的波数范围为 $4\,000\sim2\,500~cm^{-1}$,主要包括 O—H、N—H、C—H 等的伸缩振动。

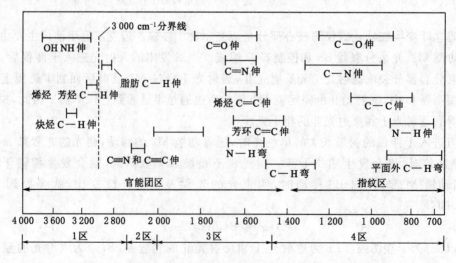

图 5-3　重要的基团振动和红外光谱区域

（2）叁键和累积双键区

该区的波数范围为 2 500～2 000 cm$^{-1}$，主要包括—C≡C—、—C≡N 等叁键的伸缩振动和—C═C═C、—C═C═O 等累积双键的反对称伸缩振动。

（3）双键伸缩振动区

该区域的波数范围为 2 000～1 500 cm$^{-1}$，主要包括 C═O、C═C、C═N、N═O 等的伸缩振动以及苯环的骨架振动等。

（4）部分单键振动及指纹区。该区域的波数范围为 1 500～670 cm$^{-1}$，主要有 C—H、O—H 的变形振动和 C—O、C—N 等的伸缩振动。

红外光谱分析主要是作为一种材料定性工具使用，尤其是 FTIR 具有光通量大、信噪比高、分辨力高、波长范围宽和扫描速度快等优点，在生物、化学、环境、医药和食品等方面都具有广泛的应用。

### 5.2.2　X 射线衍射仪[55]

1895 年德国物理学家伦琴在研究阴极射线时发现了 X 射线。1912 年，劳厄等人提出了 X 射线是电磁波的假设，并推测波长与晶面间距相近的 X 射线通过晶体时，必定会发生衍射现象。这个假设后来由当时著名的物理学家索末菲的助手弗里德利希进行了实验，并得到了肯定的结果。自此，在探索 X 射线的本质、衍射理论和结构分析技术等方面有了飞跃的发展。

X 射线衍射分析是确定物质的晶体结构、进行物相的定性和定量分析、精确测定点阵常数、研究晶体取向等的最有效、最准确的方法。因此，X 射线衍射仪（图 5-4）也常用于相变储能材料的晶体结构、物相的定量和定性的分析。

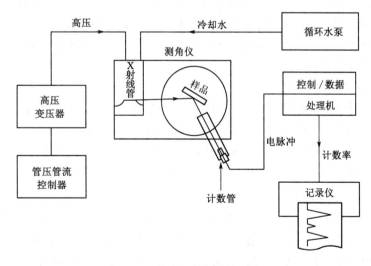

图 5-4　X 射线衍射仪结构示意图

X 射线衍射实验分析方法很多，但它们都建立在准确测量衍射线的峰位、线形和强度上。因为峰位可以测定晶体常数，线形可以测定晶粒大小，强度可以测定物相含量。X 射线衍射仪主要包括 X 射线发生器、测角仪、自动测量系统、记录系统和冷却系统等。其核心部件是测角仪，它代替了照相法中的相机，安置上试样和探测器，并使它们能够以一定的角速度转动。

衍射仪关键部位的调整和使用正确与否将直接影响到衍射的质量。如果调整不当,将使衍射线的峰位、线形和强度失真。多晶体衍射的技术测量方法有连续扫描测量法和阶梯扫描测量法两种。连续扫描测量法是将计数器连接到计数率仪上,计数器由 $2\theta$ 接近 $0°$(约 $5°\sim6°$)处开始向 $2\theta$ 角增大的方向扫描。计数器的脉冲通过电子电位差计的纸带记录下来便得到衍射线相对强度随 $2\theta$ 变化的分布曲线。阶梯扫描测量法是将计数器转到一定的 $2\theta$ 角位置固定不动,通过定标器采取定时计数法或定数计时法测出计数率的数值,然后将计数器转动一个很小的角度(精确测量时一般转 $0.01°$),重复测量便得到衍射强度分布曲线。

合理地选择实验参数是保证实验精度和准确度的前提条件。对实验结果影响较大的主要是狭缝光阑、时间常数和扫描速度等。

(1) 狭缝光阑的选择

在衍射仪光路中有发散光阑、接受光阑和防寄生散射光阑三个狭缝光阑。发散光阑是用来限制入射线与测角仪平面平行方向上的发散角,它决定入射线在试样上的照射面积和强度。测试过程中发散光阑应保证入射线的照射面积不超出试样的工作表面,且发散光阑的宽度应以测量范围内 $2\theta$ 角最低的衍射线为选择依据。接受光阑对衍射角高度、峰—背比和峰的积分宽度都有明显的影响。接受光阑要根据衍射工作的具体目的来选择,选择较小的接受光阑可提高分辨率,选择较大的接受光阑可增强测量的衍射强度。防寄生散射光阑对衍射线本身没有影响,但对峰—背比有一定的影响,一般选择与发散光阑相同的角宽度。

(2) 时间常数的选择

当采用计数率器进行连续扫描测量时,时间常数对实验结果的影响较大。当时间增大时,衍射线的峰高会下降、线形不对称,且峰顶会向扫描方向移动。一般为了提高测量精确度,尽量选用小的时间常数。一般时间常数等于接受光阑的时间宽度的一半或更低时能够得到分辨能力最佳的强度曲线。

(3) 扫描速度的选择

扫描速度同样对实验结果有很大的影响。扫描速度过快会导致峰高下降,线形畸变和峰顶向扫描方向移动。因此为了保证测量精度,也需要选用尽可能小的扫描速度。

综上所述,为了提高分辨率必须选用低速扫描和较小的接受狭缝光阑;若要是强度测量有最大的精确度,应选用低速扫描和中等接受狭缝光阑。

### 5.2.3　X射线光电子能谱仪[63]

X射线光电子能谱分析是对固体样品的元素成分进行定性、定量或半定量及价态分析的表面分析方法之一,并广泛应用于元素分析、化合物结构鉴定、元素价态鉴定等测试,该方法也常用于相变储能材料复合前后的元素分析。X射线光电子能谱分析的原理是采用单色的X射线照射测试样品,具有一定能量的入射光与样品的原子相互作用产生了光电子,所产生的光电子输运到表面并克服逸出功而发射出来,再用能量分析器分析光电子的动能便得到X射线光电子能谱。X射线光电子能谱分析仪基本的原理方框图如图5-5所示。

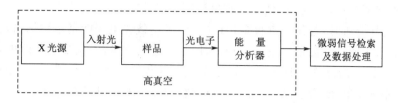

图 5-5　X 射线光电子能谱分析仪基本原理方框图

由于光电子照射样品后,只有深度极浅范围内产生的光电子才能够能量无损地输运到表面,所以 X 射线光电子能谱分析只能得到样品表面的信息。通过测得的电子动能便可以确定样品表面存在哪些元素以及该元素所处的化学状态,这就是 X 射线光电子能谱的定性分析。通过测定具有某种能量的光电子的数量便可确定某种元素在样品表面的含量,这就是 X 射线光电子能谱的定量分析。

X 射线光电子能谱的测量是建立在 Einstein 光电子发射定律基础之上的,对孤立原子,光电子动能 $E_K$ 为:

$$E_K = h\nu - E_b \tag{5-4}$$

其中,$h\nu$ 是入射光子的能量;$E_b$ 是电子的结合能。$h\nu$ 是已知的,$E_K$ 可采用能量分析器测出,通过计算便可得出 $E_b$。

同一元素的原子的不同能级上的电子结合能不同,因此在相同的入射光子能量下,同一元素就会有不同能量的光电子,也就是在能谱图上不止出现一个谱峰,一般常用最强且最易识别的主峰来分析。而不同元素的主峰、光电子动能和电子结合能不同,从而可以用能量分析器分析光电子的动能来进行表面成分分析。

对于从固体样品发射的光电子,如果光电子出自内层,不涉及价带,由于逸出表面要克服逸出功 $\varphi_s$,所以光电子动能为:

$$E_K = h\nu - E_b - \varphi_s \tag{5-5}$$

但在用能量分析器分析光电子动能时,分析器与样品相连,存在一定的接触电位差 $(\varphi_A - \varphi_s)$,因此进入分析器的光电子动能为:

$$E_K = h\nu - E_b - \varphi_s - (\varphi_A - \varphi_s) = h\nu - E_b - \varphi_A \tag{5-6}$$

式中,$\varphi_A$ 为分析器材料的逸出功。如 $h\nu$ 和 $\varphi_A$ 已知,测得 $E_K$ 便可得出 $E_b$,进而可以进行表面分析。

(1) 定性分析

从 X 射线光电子能谱分析仪所测得的光电子谱峰位置,可以确定表面存在什么元素以及这些元素存在于哪些化合物中, 这就是定性分析。定性分析可以借助最常用的 Perkin-Elmer 公司的 X 射线光电子谱手册进行分析。该手册中列出了在 $MgK_\alpha$ 和 $AlK_\alpha$ 照射下从 Li 开始各种元素的标准谱图,谱图中还包含有光电子谱峰和俄歇峰的位置以及化学位移的数据。

在定性分析中所利用的谱峰应为元素的主峰(即该元素最强最尖锐的峰)。当遇到含量少的某元素主峰与含量多的另一元素的非主峰重叠时,造成识谱困难。这时可利用"自旋－轨道耦合双线",也就是不仅看一个主峰,还看与其 $n, l$ 相同但 $j$ 不同的另一个峰,这两个峰之间的距离与其强度比是与元素有关的,并且对于同一元素,两峰的化学位移又是非常一致的,所以可根据两个峰(双线)的情况来识别谱图。

在进行定性分析时,首先要进行全扫描(整个 X 射线光电子能量范围扫描)来鉴定存在的元素,然后再对所选择的谱峰进行窄扫描,用来鉴定化学状态。在 XPS 谱图中,C 1s,O 1s,C(KLL),O(KLL) 的谱峰一般比较明显可首先鉴别出,并鉴别其伴线,然后由强到弱逐步确定测得的光电子谱峰,最后用"自旋 — 轨道耦合双线"核对所得的结果。

(2) 定量分析

X 射线光电子能谱分析的定量分析主要是通过光电子谱峰的高度来确定样品表面元素的相对含量。光电子谱峰强度还可以是峰的面积,也可以是峰的高度,一般用峰的面积计算相对精确。在计算峰的面积时要正确地扣除背底。

元素的相对含量可以是样品表面区域单位体积原子数之比 $\dfrac{n_i}{n_j}$,也可以是某种元素在表面区域的原子浓度 $C_j = \dfrac{n_i}{\sum\limits_j n_j}$($j$ 包括 $i$)。在定量分析时,首先需要计算光电子谱峰所包含的电流 $I$。设在"表面区域"内(约 $3\lambda\cos\theta$ 深度范围内)各元素密度均匀,即各 $n$ 不变,并设在此深度范围内 X 射线强度保持不变,则 $I$ 可表示如下:

$$I = qAfn\sigma y\lambda\theta T \tag{5-7}$$

其中,$q$ 为电子电荷;$A$ 为被检测光电子的发射面积;$f$ 为 X 射线的通量;$n$ 为原子密度;$\sigma$ 为一个原子特定能级的光电离截面;$\lambda$ 为平均自由程;$\theta$ 为角度因子;$y$ 为产生额定能量光电子的光电过程的效率;$T$ 为谱仪检测出自样品的光电子的检测效率。

X 射线光电子能谱分析的定量分析主要采用灵敏度因子法定义灵敏度因子:

$$S = eAf\sigma y\lambda\theta T \tag{5-8}$$

通过对被测样品的测量,可以得到测试样品各元素的光电子谱峰强度,$i$ 元素强度以 $I_i$ 表示,$j$ 元素强度以 $I_j$ 表示。则 $i$ 元素的原子浓度 $C_i$ 可表示为:

$$C_i = \frac{n_i}{\sum\limits_j n_j} = \frac{I_i/S_i}{\sum\limits_j I_j/S_j} = \frac{1}{\sum\limits_j \left(\dfrac{I_j}{I_i}\right)\left(\dfrac{S_i}{S_j}\right)} \tag{5-9}$$

其中 $I_i/I_j$ 可以测出,只要求得 $S_i/S_j$,$C_i$ 就可以求得。不考虑 $y_i/y_j$ 时,则:

$$\frac{S_i}{S_j} = \left(\frac{\sigma_i}{\sigma_j}\right)\left(\frac{\lambda(E_i)}{\lambda(E_j)}\right)\left(\frac{T(E_i)}{T(E_j)}\right) \tag{5-10}$$

该式中 $\lambda$ 和 $T$ 为光电子动能的函数。在 X 射线光电子能谱分析的定量分析结果中,误差一般不超过 20%。

### 5.2.4 能量色散 X 射线光谱仪[64]

能量色散 X 射线光谱仪主要由测量单元和记录单元两大部分组成,其框架示意图如图 5-6 所示。当测试样品时,X 射线管产生的 X 射线照射在测试样品上,样品所产生的 X 射线荧光经探测器采集后以电脉冲的形式输出,电脉冲依次经过前置放大器、主放大器后,再经过数模转换器将电脉冲信号转换成数字信号,并经过整形和分检后按照不同的幅度储存在多道分析器中,最后得到 X 射线荧光光谱谱线。由于 X 射线荧光的能量或波长是特征性的,与元素一一对应,因此可根据得到的 X 射线波长确定样品所含的元素,根据射线的长度确定元素的相对含量。目前,能量色散 X 射线光谱仪常作为扫描电镜的配件使用,在对相变储能材料使用扫描电镜观察微观形貌的同时也可对其进行能量色散 X 射线光谱分析。

能量色散 X 射线光谱分析技术之所以被广泛使用,主要因为其具有以下优点:

① 元素含量检测范围广。波长色散和能量色散 X 射线荧光光谱仪的元素含量检测范围为 $10^{-5}\%\sim100\%$,对液体样品的检测最高可达 $10^{-9}$ 数量级,满足多种物质的分析要求。

② 检测元素种类多。除了 H,He,Li,Be 外 X 射线荧光分析方法可检测原子序数范围为 5(B)～92(U),可提供元素的常量、微量的定性和定量分析。

③ 分析数据的可靠性和分析结果的高精度。从常规分析需求看,其分析结果准确度与化学分析类似。

④ 不破坏待测样品,无损检测方法,可用于陶瓷、金属屑及珠宝的成分分析。

⑤ 使用方法灵活。待分析的样品可为块状、液体或粉末状,同时可用于室内、野外分析或直接在线分析。

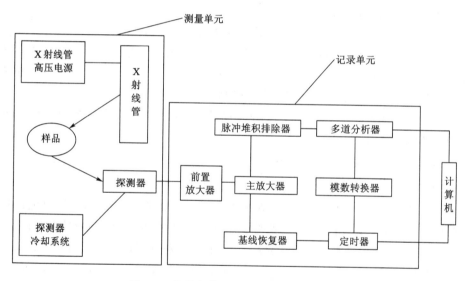

图 5-6　能量色散 X 射线光谱仪结构框图

# 5.3　相变储能材料化学结构测试实验与分析

本节主要针对复合相变材料和相变胶囊储能材料的化学结构测试过程及数据分析进行介绍。

### 5.3.1　FTIR 测试实验与分析

5.3.1.1　FTIR 测试样品制备及测试过程

采用 VERTEX 80v 型 FTIR 测试仪对相变储能材料的化学结构特性进行测试,该仪器的主要技术指标如下:

① 光谱范围:8 000～350 $cm^{-1}$(可扩展至 50 000～5 $cm^{-1}$);

② 分辨率:0.06 cm$^{-1}$,连续可调,全波段实现超高分辨率;

③ 灵敏度:在达到全光谱线性准确度优于 0.7%T 条件下,峰—峰噪声值<8.6×10$^{-6}$ Abs;信噪比优于 55 000:1(峰—峰值);

④ 线性度:0.07%T;

⑤ 光阑:$f$/2.5,通常光束直径 40 mm;

⑥ 干涉仪:高精度动态校准迈尔逊干涉仪。

在相变储能材料的 FTIR 测试过程中主要分为两个过程:样品的制备和样品的测试,测试样品的制备过程如下:

① 将 1~2 mg 测试样品与 200 mg KBr 放入干净的玛瑙研钵中,然后在红外灯下研磨 3~5 min,直到样品均匀地粘在玛瑙研钵上,务必使样品与 KBr 混合均匀。

② 样品移入压片磨具中,并用真空泵对压片模具抽真空。

③ 将压片模具放在压片机上用转盘压紧,加压至 20 MPa,并保压 1~2 min。

④ 打开压片机的放气阀,当压力降至为 0 时,取出并打开模具,将测试样品取出。

样品的 FTIR 测试过程如下:

① 确认样品仓内没有样品后,打开"测量"的控制面板。

② 在"测量"控制面板中选择"高级设置",并设置测试条件为:分辨率为 4 cm$^{-1}$,样品扫描时间和背景扫描时间为 32 scans,保存数据范围为 4 000~400 cm$^{-1}$。然后设置好保存路径后即可点击"测量背景单通道光谱"进行背景测量。

③ 测量完单通道光谱后,将压好的测试样品放入样品仓内,然后点击"测量样品单通道光谱"即可对样品进行测试。

#### 5.3.1.2 FTIR 测试结果分析

(1) 石蜡/高岭土混合相变材料的 FTIR 测试结果分析

石蜡和高岭土之间的化学相容性是制备复合相变传热介质的关键,通过对纯材料及混合相变材料做 FTIR 测试,研究石蜡与高岭土之间的结合、吸附方式,判断是否存在官能团、化学键之间的相互作用,对研究石蜡/高岭土混合相变材料的形成机理具有重要意义。

本文对石蜡、高岭土以及石蜡/高岭土混合相变材料的 FTIR 图谱进行了表征(图 5-7),位于 688 cm$^{-1}$ 和 1 466 cm$^{-1}$ 的吸收峰是由于—OH 的振动引起,位于 913 cm$^{-1}$ 的吸收峰是由于 Al—OH 的弯曲振动所引起[65]。位于 2 848 cm$^{-1}$ 和 2 917 cm$^{-1}$ 的吸收峰分别是由于—CH$_2$ 和—CH$_3$ 的伸缩振动所引起[66]。高岭土的主要化学成分包括 SiO$_2$,其他成分主要是 Al$_2$O$_3$、MgO 等碱金属氧化物[67],上述—OH 的振动、Al—OH 的弯曲振动以及—CH$_2$ 和—CH$_3$ 的伸缩振动是由于在石蜡和高岭土混合过程中,石蜡受到高岭土片层结构的约束引起的。因此,存在于混合相变材料的石蜡在发生相变时,因受到高岭土片层的限制而不会发生流动以及泄漏。如图 5-7 所示,石蜡和高岭土的特征峰同样出现在石蜡/高岭土混合相变材料的 FTIR 红外曲线上。上述结果表明,石蜡与高岭土之间具有较好的化学相容性,且石蜡在混合相变材料中受到高岭土的限制而不发生泄漏以及流动。

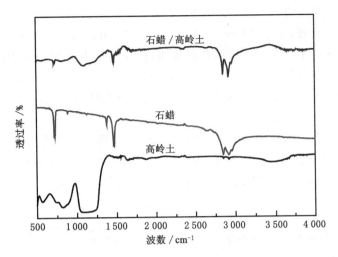

图 5-7 石蜡、高岭土和石蜡/高岭土混合相变材料的 FTIR 图

（2）五水合硫代硫酸钠/聚苯乙烯相变微胶囊的 FTIR 测试结果分析

采用 FTIR 对聚苯乙烯（PS）、五水合硫代硫酸钠（SoTP）和五水合硫代硫酸钠/聚苯乙烯相变微胶囊（SoTP/PS MicroEPCM）的官能团进行了测试分析，测试结果如图 5-8 所示。

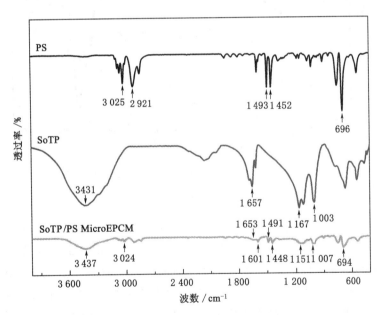

图 5-8 聚苯乙烯、五水合硫代硫酸钠和

五水合硫代硫酸钠/聚苯乙烯相变微胶囊的 FTIR 图

从聚苯乙烯的红外光谱图中可以看出，在 3 082 cm$^{-1}$、3 060 cm$^{-1}$ 和 3 025 cm$^{-1}$ 处有较强的吸收峰，为 =C—H 官能团的伸缩振动峰；在 2 921 cm$^{-1}$ 和 2 848 cm$^{-1}$ 处的吸收峰为 —C—H 官能团的伸缩振动峰；在 1 601 cm$^{-1}$、1 583 cm$^{-1}$、1 493 cm$^{-1}$ 和 1 452 cm$^{-1}$ 处的吸收峰为苯环的振动峰，在 756 cm$^{-1}$ 和 696 cm$^{-1}$ 处的吸收峰为苯环上 C—H 的表面弯曲振动

峰。从五水合硫代硫酸钠的红外光谱图中可以看出,在 3 437 cm$^{-1}$ 处有一个较宽的振动峰,为 O—H 的伸缩振动峰,在 2 164 cm$^{-1}$、1 657 cm$^{-1}$、1 166 cm$^{-1}$、1 120 cm$^{-1}$、1 003 cm$^{-1}$、671 cm$^{-1}$ 和 544 cm$^{-1}$ 处均为五水合硫代硫酸钠的特征峰。从五水合硫代硫酸钠/聚苯乙烯相变微胶囊的红外光谱图中可以看出,相变微胶囊的光谱中包含了聚苯乙烯和五水合硫代硫酸钠的所有特征峰,并且没有其他的特征峰出现。因此可知,溶剂挥发法成功地使聚苯乙烯将五水合硫代硫酸钠进行了包覆。

（3）五水合硫代硫酸钠/二氧化硅相变微胶囊的 FTIR 测试结果分析

采用 FTIR 对壁材二氧化硅（SiO$_2$）、芯材五水合硫代硫酸钠（SoTP）和五水合硫代硫酸钠/二氧化硅相变微胶囊（SoTP/SiO$_2$ MicroEPCM）的官能团进行了测试分析,测试结果如图 5-9 所示。

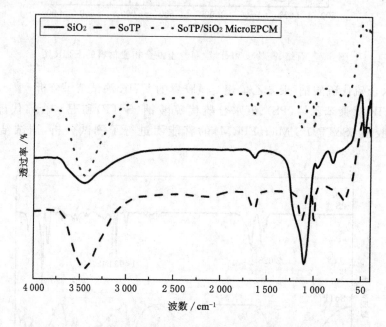

图 5-9　二氧化硅、五水合硫代硫酸钠和
五水合硫代硫酸钠/二氧化硅相变微胶囊的 FTIR 图

从二氧化硅的红外光谱图中可以看出,在 3 447 cm$^{-1}$ 处有较强的吸收峰,为硅烷醇基团的伸缩振动峰;在 1 102 cm$^{-1}$ 处的吸收峰为 Si—O—Si 官能团的不对称伸缩振动峰;在 470 cm$^{-1}$ 处的吸收峰为 Si—O—Si 官能团的弯曲振动峰。在五水合硫代硫酸钠的红外光谱图中,在 3 448 cm$^{-1}$ 处的吸收峰为 O—H 官能团的伸缩振动峰;在 1 657 cm$^{-1}$、1 120 cm$^{-1}$、1 003 cm$^{-1}$ 和 671 cm$^{-1}$ 处的吸收峰均为 SoTP 处的特征峰。从不同芯壁比下制备的五水合硫代硫酸钠/二氧化硅相变微胶囊的红外光谱图中可以看出,在 3 395 cm$^{-1}$、1 646 cm$^{-1}$、1 134 cm$^{-1}$、1 001 cm$^{-1}$、670 cm$^{-1}$ 和 472 cm$^{-1}$ 处有较强的吸收峰,这些吸收峰包含了二氧化硅和五水合硫代硫酸钠的特征峰,表明所制备的相变微胶囊含有二氧化硅和五水合硫代硫酸钠。

### 5.3.2　XRD 测试实验与分析

#### 5.3.2.1　XRD 测试样品制备及测试过程

采用 D8 Advance 型 XRD 测试仪对相变储能材料的物相进行测试,该仪器的主要技术指标如下:

① 测量精度:角度重现性±0.000 1°;

② 测角仪半径≥200 mm,测角圆直径可连续改变;

③ 最小步长 0.000 1°;

④ 角度范围($2\theta$):−110°～168°;

⑤ 温度范围:室温～1200 ℃;

⑥ 最大输出:3 kW;

⑦ 稳定性:±0.01%;

⑧ 管电压:20～60 kV(1 kV/1 step);

⑨ 管电流:10～60 mA。

在相变储能材料的 XRD 测试过程主要分为两个过程:样品的制备和样品的测试。测试样品的制样要求如下:

① 可破碎样品(粉末)要求。粉末质量不少于 0.5 g,粒度在 325 目左右的细粉。

② 不可破碎样品(块状)要求。必须有平整光滑的平面可测,样品在长(10～30) mm×宽(10～20 mm) 区间(太小就会测试到用于固定样品的橡皮泥,太大无法放入仪器测试),样品厚度小于 5 mm。

样品的 XRD 测试过程如下:

① 将制备好的样品轻置于样品台上,轻推样品底座使样品台卡到位,关闭仪器的大门,并轻推拉杆入位使门锁关闭。

② 开启测试软件 XRD Commander 进行测试程序的设定。首先创建测试程序,选定合适的测试程序,并选择数据储存路径,然后开始测试。

③ 测试结束后打开仪器样品台并取下样品即可,然后对测试数据进行分析。

#### 5.3.2.2　XRD 测试结果分析

(1) 石蜡/高岭土混合相变材料的 XRD 测试结果分析

X 射线衍射分析对研究石蜡与高岭土混合过程中的反应机理具有重要意义。本文中对石蜡、高岭土以及石蜡/高岭土混合相变材料进行了 XRD 测试,测试范围为 5°～85°,具体测试结果如图 5-10 所示。

如图 5-10 所示,相比于纯石蜡以及石蜡/高岭土混合相变材料的 XRD 衍射峰,纯高岭土材料在 XRD 图谱上衍射峰强度很微弱。石蜡具有很明显的衍射峰,此外,石蜡/高岭土混合相变材料的 XRD 图谱上出现纯石蜡的衍射峰,表明石蜡有效地嵌入到高岭土,成功制备出复合相变材料。但混合相变传热介质中石蜡的衍射峰强度有所变弱,是由于基材高岭土的层间距变小,石蜡在高岭土的片层结构中具有较小的插层率[68]。结果说明石蜡/高岭土混合相变材料的晶体结构未发生变化,即石蜡与高岭土的混合不存在化学反应,仅为物理混合。

(2) 五水合硫代硫酸钠/聚苯乙烯相变微胶囊的 XRD 测试结果分析

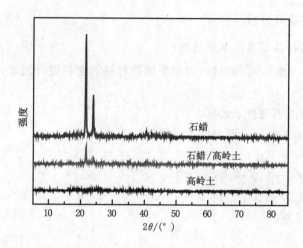

图 5-10　石蜡、高岭土和石蜡/高岭土混合相变材料的 XRD 图

　　通过 XRD 对聚苯乙烯、五水合硫代硫酸钠和五水合硫代硫酸钠/聚苯乙烯相变微胶囊的晶体结构进行了测试分析，测试结果如图 5-11 所示。从图中可以看出，壁材聚苯乙烯只在 10°～25°处有一个很宽的衍射峰，这说明聚苯乙烯是非晶体结构。而五水合硫代硫酸钠在 14.6°、15.3°、16.4°、17.6°和 27.4°处均存在衍射峰，说明五水合硫代硫酸钠具有晶体结构。从五水合硫代硫酸钠/聚苯乙烯相变微胶囊 S3 的 XRD 图中可以看出，相变微胶囊包含了壁材聚苯乙烯和芯材五水合硫代硫酸钠的衍射峰，并且没有新的特征峰出现，这说明通过溶剂挥发法成功地制备出了五水合硫代硫酸钠/聚苯乙烯相变微胶囊，并且没有新的物质产生。

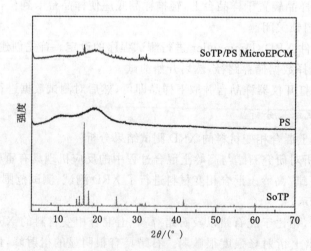

图 5-11　聚苯乙烯、五水合硫代硫酸钠和
五水合硫代硫酸钠/聚苯乙烯相变微胶囊的 XRD 图

　　(3) 五水合硫代硫酸钠/二氧化硅相变微胶囊的 XRD 测试结果分析
　　壁材二氧化硅、芯材五水合硫代硫酸钠和五水合硫代硫酸钠/二氧化硅相变微胶囊的 XRD 如图 5-12 所示。从二氧化硅的 XRD 图中并没有看到明显的衍射峰，说明二氧化硅为

非晶体结构。五水合硫代硫酸钠在 16.6°、21.3°和 26°处有较强的衍射峰,说明五水合硫代硫酸钠为晶体结构。在五水合硫代硫酸钠/二氧化硅相变微胶囊的 XRD 图中可以看出,相变微胶囊的衍射峰包含了五水合硫代硫酸钠的衍射峰,说明相变微胶囊中含有芯材。但是在微胶囊的 XRD 图中有新的衍射峰出现,这可能是由于在制备过程中 3-氨丙基三乙氧基硅烷、十二烷基硫酸钠、环己烷或正戊醇等物质的残留所造成的。

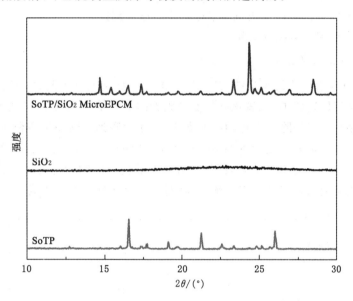

图 5-12　二氧化硅、五水合硫代硫酸钠和
五水合硫代硫酸钠/二氧化硅相变微胶囊的 XRD 图

### 5.3.3　XPS 测试实验与分析

#### 5.3.3.1　XPS 测试样品制备及测试过程

采用 ESCALAB 250Xi 型 XPS 测试仪对相变储能材料的物相进行测试,该仪器的主要技术指标如下:

① 能量范围:0～5 000 eV;

② Al Kα 单色化 XPS,X 射线束斑面积从 900 $\mu$m 到 200 $\mu$m 连续可调,大束斑:Ag3d5/2(FWHM＝0.50 eV)强度≥400 kcps,20$\mu$m 束斑:Ag3d5/2(FWHM＝0.45 eV)强度≥0.5 kcps;

③ Mg/Al 双阳极 XPS,大束斑 Ag3d5/2(FWHM＝0.8 eV)强度大于 650 kcps;

④ 快速平行成像,对 Ag3d5/2 线扫描的最佳空间分辨率优于 3 $\mu$m;

⑤ 分析室真空度:5.0×$10^{-10}$ mbar;

⑥ 准备室真空度:7.0×$10^{-9}$ mbar。

在相变储能材料的 XPS 测试过程中主要分为两个过程,样品的制备和样品的测试。测试样品的制样要求如下:

① 块状样品:面积小于 5 mm×8 mm,高度小于 2 mm(表面要平整);

② 粉末样品:粒度小于 200 目,特殊样品除外;

③ 薄膜样品:面积小于 5 mm×8 mm。

样品的 XPS 测试过程一般如下：

① 保持分析室超高真空，气压 $p < 1e^{-7}$ Pa；

② 在样品上选择合适的位置进行分析；

③ 采用 X 射线激发样品分析位置，并收集光电子；

④ 用电子和系统喷射慢电子中和分析位置剩余电荷；

⑤ 如样品表面被污染可采用氩离子枪对样品进行刻蚀；

⑥ 实验结束后保存数据并分析。

### 5.3.3.2　XPS 测试结果分析

采用 XPS 对五水合硫代硫酸钠/二氧化硅相变微胶囊进行了测试，测试结果如图 5-13 所示。从五水合硫代硫酸钠/二氧化硅相变微胶囊的 XPS 的测试中检测到了氧、钠、硅和硫这四种元素的存在。但是除了上述四种元素之外，还检测到了碳和氮两种元素，这也表明了在微胶囊中存在 3-氨丙基三乙氧基硅烷、十二烷基硫酸钠、环己烷或正戊醇等添加物的残留。综上所述，从 XPS 的测试结果表明，以五水合硫代硫酸钠为芯材，二氧化硅为壁材，通过溶胶凝胶法成功地制备出了五水合硫代硫酸钠/二氧化硅相变微胶囊。

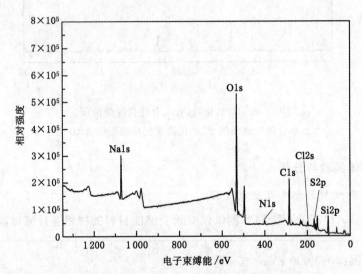

图 5-13　五水合硫代硫酸钠/二氧化硅相变微胶囊的 XPS 图

## 5.3.4　EDX 测试实验与分析

### 5.3.4.1　EDX 测试样品制备及测试过程

采用 ZEISS evo18 型扫描电镜中的 EDX 部件对相变储能材料的元素进行测试，该仪器的主要技术指标如下：

① 探测器制冷方式：电制冷型；

② 探测器：硅漂移探头；

③ 有效探测面积：10 mm²；

④ 20 000 cps 时的能量辨率：Mn Ka：≤129 eV，F Ka：≤66 eV，C Ka：≤56 eV；

⑤ 元素探测范围：Be(4)～Pu(94)；

⑥ 最大输入计数：>750 000 cps；

⑦ 分析方式有定点定性分析、定点定量分析、元素的线分布、元素的面分布。

在相变储能材料的 EDX 测试过程中主要分为两个过程：样品的制备和样品的测试。测试样品的制样要求如下：

（1）块状样品

① 导电样品：将样品用导电双面胶粘在样品台上即可。

② 非导电样品：将样品用导电双面胶粘在样品台上，并对测试表面进行喷金处理。

（2）粉末样品

① 干法：当粉末为微米级时，可将样品台粘上导电双面胶，然后将少许粉末撒落在导电双面胶上，再用吸耳球吹掉多余样品即可。

② 湿法：当粉末为亚微米级或纳米级时，将少量样品超声分散至乙醇或丙酮中，并用吸液管滴在铜片或硅片或铜网上，干燥后即可测试。

样品的 EDX 测试过程一般如下：

（1）点分析

① 采集参数设置：由该模式的目的可知，其采集参数设置包括电镜图像采集参数设置和能谱采集参数设置。对其进行合理设置。

② 采集过程：单击采集工具栏中的采集开始按钮，采集一幅电镜图像。可以立即采集独立区的能谱，在立即采集按钮处于按下的状态下，选择一种区域形状，并在电镜图像上指定区域位置，等待数据采集完成即可。

（2）线扫描

① 在线扫描图像模式上进行参数设置。

② 在电镜图像和线扫描图像上都使用图像强度光标，当移动某一个光标时，另一个光标也随之移动。电镜图像上的光标指示出当前光标所在位置的横、纵坐标及灰度值；线扫描图像上的光标指示出当前光标所在位置的某一元素的计数值。

③ 将某一元素的线扫描图像叠加在电镜图像上显示：单击线扫描图像下的该元素标签，即可叠加/不叠加显示该元素的线扫描图像。

（3）面分布

① 在面分布图像模式上进行参数设置。

② 在电镜图像和面分布图像上都使用图像强度光标。当移动某一个光标时，另一个光标也随之移动。电镜图像上的光标指示出当前光标所在位置的横、纵坐标及灰度值；面分布图像上的光标指示出当前光标所在位置的某一元素的计数值。

③ 将某一面分布图像叠加在电镜图像上显示：单击面分布图像上的元素标签，即可叠加/不叠加显示该面分布图像。

实验完成后，将所需的扫描图像进行保存。

### 5.3.4.2　EDX 测试结果分析

采用 EDX 对五水合硫代硫酸钠/二氧化硅相变微胶囊进行了测试，结果如图 5-14 所示。从 EDX 的测试图中可以看出，五水合硫代硫酸钠/二氧化硅微胶囊中含有氧、钠、硅和硫元素，其中氧、钠和硫为芯材 SoTP 的组成元素，硅和氧为壁材二氧化硅的组成元素。综上所述，从 EDX 的测试结果表明，以五水合硫代硫酸钠为芯材、二氧化硅为壁材，通过溶胶凝胶法成功地制备出了五水合硫代硫酸钠/二氧化硅相变微胶囊。

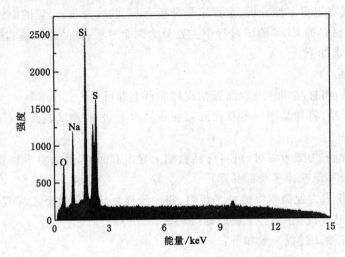

图 5-14　五水合硫代硫酸钠/二氧化硅相变微胶囊的 EDX 图

# 第 6 章　相变储能材料 DSC 测试与分析

## 6.1　引言

　　物质从一种相态转变到另一种相态称作相变,相变的过程一般是等温或近似等温,且在这一过程当中伴随着大量热量的吸收或释放,这部分热量称为相变潜热。相变温度和相变潜热是相变材料的重要物性,相变温度决定了相变材料的应用范围,相变潜热决定了储热能力的大小。因此,对相变储能材料的相变温度和相变潜热的测试至关重要。目前,主要采用差示扫描量热仪(DSC,differential scanning calorimeter)对相变储能材料的相变温度和相变潜热进行测试。

## 6.2　DSC 测试原理

### 6.2.1　DSC 仪器介绍

　　差示扫描量热仪是采用差示扫描量热法在程序控温和一定气氛下,测量流入流出试样和参比物的热流或输给试样和参比物的加热功率与温度或时间关系,从而得到相变储能材料的相变潜热和相变温度的仪器。其中,差示的含义是指以一个在测试温度区间或时间范围内无任何热反应的物质为参比,将试样的热流与参比进行比较而测定出其热行为;扫描是指试样经历程序设定的温度过程。通过 DSC 可进行以下性能测试:

① 检测吸热与放热反应;

② 测量峰面积(转变焓和反应焓);

③ 测定可表征峰或热效应的温度;

④ 测定比热容。

DSC 能够定量测量物理转变和化学反应,具体如下:

① 熔点与熔点焓;

② 结晶行为和过冷;

③ 固—固转变和多晶型;

④ 无定形材料的玻璃化转变;

⑤ 热解和解聚;

⑥ 化学反应如热分解或聚合;

⑦ 反应动力学和反应进程预测;

⑧ 化学反应的安全性;

⑨ 氧化分解、氧化稳定性(OIT)。

### 6.2.2 DSC 测试原理及分类

根据测量原理,DSC 可分为热流(热通量)式和功率补偿式两种。热通量式 DSC 是指在程序控温下,测量与试样和参比物温差成比例的流过热敏板的热流速率的仪器。功率补偿式 DSC 是指在程序控温和一定气氛下,测量输给试样和参比物热流速率或加热功率差的仪器;在程序控温下,当出现热效应时,为保持试样和参比物的温度相等则需做功率补偿,该仪器是测量输给两者加热功率差的仪器。

#### 6.2.1.1 热流式 DSC

热流式 DSC 的测量单元根据所采用传感器的不同而有所区别。以金/金—钯热电偶堆传感器设计的 DSC 为例(图 6-1 为金/金—钯热电偶堆传感器热通量式 DSC 测量单元示意图),热流 $\Phi$ 以辐射状流过传感器的热阻;热阻以环状分布于两个坩埚位置下面。热阻间的温差有辐射状排列的热电偶测量。根据欧姆定律,可得到的试样面的热流 $\Phi_1$(由流到试样坩埚和试样的热流组成)为:

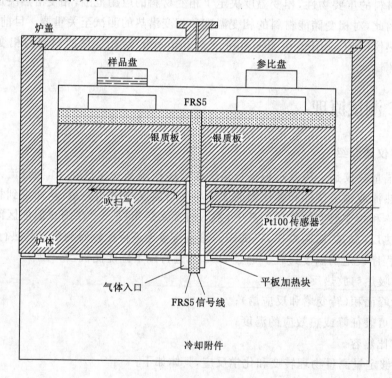

图 6-1　金/金-钯热电偶堆传感器热通量式 DSC 测量单元示意图[69]

$$\Phi_1 = \frac{T_s - T_c}{R_{th}} \tag{6-1}$$

式中,$T_s$ 和 $T_c$ 分别为试样温度和炉体温度;$R_{th}$ 为热阻。

同样可以得到参比面的热流 $\Phi_r$(流到参比空坩埚的热流)为

$$\Phi_r = \frac{T_r - T_c}{R_{th}} \tag{6-2}$$

式中,$T_r$ 为参比温度。

DSC 信号 $\Phi$,即样品热流等于两个热流之差:

$$\Phi = \Phi_1 - \Phi_r = \frac{T_s - T_c}{R_{th}} - \frac{T_r - T_c}{R_{th}} \tag{6-3}$$

由于对称排列,左右两边的热阻相同。因此,测定 DSC 信号的方程可简化为:

$$\Phi = \frac{T_s - T_r}{R_{th}} \tag{6-4}$$

由于温差由热电偶测量,而热电偶灵敏度的方程为 $S = V / \Delta T$,$V$ 为电压。于是得到:

$$\Phi = \frac{V}{R_{th} S} = \frac{V}{E} \tag{6-5}$$

式中,热电压 $V$ 为传感器信号;$R_{th} S$ 乘积为传感器的量热灵敏度;$R_{th}$ 和 $S$ 与温度有关;令 $R_{th} S$ 为 $E$,$E$ 与温度的关系可用数学模型描述。

在 DSC 曲线上,热流的单位是瓦·克$^{-1}$(W·g$^{-1}$)＝焦耳·(秒·克)$^{-1}$ [J·(s·g)$^{-1}$],以峰面积为例,热流对时间(s)的积分等于试样的焓变 $\Delta H$,单位为焦耳/克 (J·g$^{-1}$)。

### 6.2.1.2　功率补偿式 DSC

功率补偿式 DSC 测量单元示意图如图 6-2 所示。功率补偿式 DSC 仪器有两个控制电路,测量时其中一个电路控制温度的升降,另外一个电路用于补偿由于试样热效应引起的试样与参比物的温差变化。当试样发生放热或吸热效应时,电热丝将针对其中一个炉体施加功率以补偿试样中发生的能量变化,保持试样与参比物的温差不变。DSC 直接测定补偿功率 $\Delta W$,即流入与流出试样的热流,无须通过热流方程式换算。

$$\Delta W = \frac{dQ_s}{dt} - \frac{dQ_R}{dt} = \frac{dH}{dt} \tag{6-6}$$

式中,$Q_s$ 为输给试样的热量;$Q_R$ 为输给参比物的热量;$dH/dt$ 为单位时间的焓变,即热流,单位为 J·s$^{-1}$。

由于试样加热器的电阻 $R_s$ 与参比物加热器的电阻 $R_R$ 相等,即 $R_s = R_R$,因此当试样不发生热效应时:

$$I_s^2 R_s = I_R^2 R_R \tag{6-7}$$

式中,$I_s$ 和 $I_R$ 分别为试样加热器和参比加热器的电流。

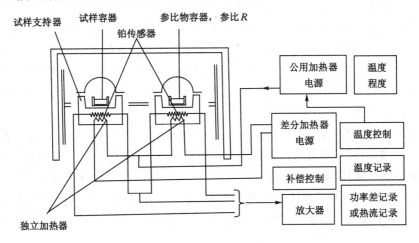

图 6-2　功率补偿式 DSC 测量单元示意图[70]

如果试样发生热效应,则输给试样的补偿功率为:

$$\Delta W = I_s^2 R_s - I_R^2 R_R \tag{6-8}$$

设 $R_s = R_R = R$,得到:

$$\Delta W = R(I_s + I_R)(I_s - I_R) \tag{6-9}$$

因总电流 $I_T = I_s + I_R$,所以:

$$\Delta W = I_T(I_s R - I_R) \tag{6-10}$$

即

$$\Delta W = I_T(V_s - V_R) = I_T \Delta V \tag{6-11}$$

式中,$\Delta V$ 为两个炉体加热器的电压差。

如果总电流 $I_T$ 不变,则补偿功率即热流 $\Delta W$ 与 $\Delta V$ 成正比。

### 6.2.3 DSC 测试影响因素

在 DSC 测试过程中,实验条件、试样及试样容器等对测试结果均有很大的影响。

#### 6.2.3.1 DSC 测试实验条件的影响

(1)升温速率的影响

DSC 曲线记录表示试样的某种反应(如热解反应)。升温速率会对 DSC 曲线的峰温和峰形产生影响。提高升温速率通常使反应的起始温度、峰温和终止温度增高。当升温速率较高时,易使试样内部温度不均;超过一定升温速率时,由于体系不能很快响应,试样反应中的变化全貌不能被精确地记录下来。另外,易产生过热现象。如 $FeCO_3$ 在氮气中升温失去 $CO_2$ 的反应,当升温速率从 1 ℃·$min^{-1}$ 提高到 20 ℃·$min^{-1}$ 时,则起始温度从 400 ℃ 升高到 480 ℃,峰温从 500 ℃ 升高到 610 ℃。

另外,对于结晶高聚物,慢速升温熔融过程可能伴有再结晶,而快速升温易产生过热,这是两个相互矛盾的过程,故试验时应选择适当的升温速率,遵从相应标准的有关规定。如无特殊要求和说明,通常选取 10 ℃·$min^{-1}$ 或 5 ℃·$min^{-1}$。

(2)气氛氛围的影响

所有的实际热分析测量,必须定义测量室内气氛。通常采用特定流速的吹扫气体来吹扫测量池。气体可以是惰性的,反应性的或腐蚀性的。

惰性气体:与样品和坩埚没有反应,如 $N_2$、Ar、He 等。氮气用于无氧(实际上是低氧)条件下的测量,纯度要求较高,它是最常用的"惰性气体",但在高温条件下,氮气会与某些金属发生反应生成氮化物。氩气为卓越的惰性气体。氦气比上述气体的导热性要好,可用于 DSC 测量以降低信号时间常数,它是一种理想的无凝结倾向的气体,温度可低至 -180 ℃,因而常用于低温测量。

反应性气体:预期与样品发生化学反应,例如空气、$O_2$、$NH_3$(可燃!)。氧气常用于氧化和燃烧行为的测定,通常对氧的纯度要求不高,最便宜的氧气就适合于氧化稳定性的测量。空气也是测量池最常使用的气氛,常用于校准,由于空气的主要成分是氮气,所以它的物理性能与氮气十分相似。依赖于不同的样品种类,空气可以是惰性的,也可以是活性的(氧化作用)。温度高至 300 ℃ 范围内,空气对于大部分样品是惰性的,例如铟的熔融和硫酸钙的脱水。

腐蚀性气体:预期与样品发生化学反应,与坩埚或测量池部件有反应风险,例如 HCl、

$Cl_2$、$SO_2$。在使用该类气体时,测试过程中测量池可能会受损。

关于 DSC 在测量过程中的吹扫气体,氮气在高至 600 ℃ 的温度范围内都是惰性的,可作为 DSC 测量的标准气体。由于大多数样品在 100 ℃ 至 200 ℃ 不与空气中的氧气发生反应,所以可在空气中进行测量。氦气是完全惰性的,且具有卓越的导热性,此性质降低了 DSC 的时间常数,因而有时可用氦气来代替氮气获得相邻重叠峰的更好分离。为了保护 DSC 测量池和获得良好的重复性,对于所有的测量,建议用 50 mL·min⁻¹ 左右的气体流速吹扫测量池。

为避免待测物质发生氧化、还原等化学反应,不同物质需在不通气氛下进行测试。其影响主要是熔值。就气氛因素的影响和注意事项,可作如下概括:

① 静态还是动态(流通)气氛。静态使产物来不及充分逸散,分压升高,反应移向高温,动态则使产物不能逐渐聚集,受产物分压影响明显减弱。

② 气氛的种类。关于气氛的种类在前面已经进行了详细叙述,在此不再赘述。

③ 气氛的流量对试样的分解温度、测温精度以及热分析曲线的基线和峰面积等均有影响。

④ 应考虑气氛与热电偶、试样容器或气体经过的其他构件所用材料之间是否有某种反应。

⑤ 注意防止爆炸和中毒。

⑥ 如确认气体产物对测定结果有显著影响,则应将气体产物排出(特别是水蒸气)。

⑦ 由于气氛气热传导的不同,将会改变炉内的温度分布和试样到检测器的热传递。

### 6.2.3.2 试样及试样容器的影响

(1)试样量的影响

试样一般在 5~10 mg,过多使内部传热慢,温度梯度大,导致峰形扩大,分辨力下降。对于有气体产生的试样,少量试样有利于气体产物的扩散和试样内部温度的均衡,减小温度梯度,降低试样温度与环境线性升温的偏差,这是由于试样的吸、放热效应而引起的。另外,试样的质量不仅对热分析曲线的峰温和峰面积有影响,还对其形态特征有影响。有些物质由于质量的减少而形态特征发生根本的变化,为用热分析曲线形貌特征来鉴定物质的方法带来困难。

(2)试样粒度的影响

一般来说,颗粒大的热阻较大,试样的相变温度和相变潜热降低。但是对结晶的试样研磨成细粒后,由于晶体结构的歪曲和结晶度下降也会造成类似结果。如果粉状试样带有静电,则颗粒间静电引力会使粉末团聚,导致相变潜热增大。因此,其对 DSC 测定的影响比较复杂。为了便于相互比较,应尽量采用粒度相近的试样,另外,堆砌松散的试样颗粒之间有空隙,使试样导热变差,而颗粒越小,越可堆得紧密,导热良好。但是,不管试样的粒度如何,堆砌密度是很不容易重复的。

(3)试样厚度的影响

对于高聚物应增大试样盘的接触面积,减小试样厚度和采用慢速升温。

(4)试样热历史的影响

某些高聚物、液晶等材料由于热历史的不同产生不同的晶型或相态,造成 DSC 曲线的不同。大部分的液晶化合物不仅有复杂的结晶相,而且还具有各种晶型和玻璃态,所以在不同的热历史条件下产生的影响更为突出。因此在热分析前,液晶化合物要用冷冻剂做较长时间深冻处理,避免产生复杂的亚稳态晶体结构。

在 DSC 测定时,聚合物的热历史不同,所测得的聚合物的初始温度和峰值温度是不同的,甚至有时其熔融峰形状也会有所不同。要消除热历史的影响,就要使同一系列的样品具有相同的热历史。由于高聚物结晶状态受热历史的影响,因此可以通过热历史来控制高聚物的性能。一般来说,高聚物从熔融状态开始的冷却速度越快,所得的结晶度越低,在急冷下则形成无定形状态。对于高聚物,热历史和机械历史的影响是很难分开的,因为机械处理往往伴有热处理的过程。DSC 可检测出高聚物在经过不同的热处理和机械处理后的差别。

(5) 试样容器

坩埚作为盛装样品的容器,应该采用惰性材料,使之不与样品发生反应。坩埚还可以保护 DSC 仪器中的传感器不与样品接触,以免对传感器造成污染。在 DSC 仪器测试过程中,针对不同的样品和测试条件可以选择不同的坩埚。下面对测试过程中可能用到的坩埚进行简单介绍。

最常用于 DSC 测试的坩埚是铝坩埚,铝坩埚较为惰性,与绝大多数的样品不发生反应。其中 40 μL 的标准坩埚和 20 μL 的轻铝坩埚经常被使用。如果第一次测试没有出现预期的热效应,可以采用尽量多的样品进行第二次测试。如果希望获得比较好的分峰能力,可以使用 20 μL 轻铝坩埚,然后使用氮气作为吹扫气体,分离程度会更好。但是,铝容易与氢氧化钠以及许多酸发生反应,并且在某些情况下,金属样品会与铝形成铝合金。其解决方法是将铝坩埚在空气条件下加热到 400 ℃,然后恒温 10 min,这样可以加强坩埚的氧化保护层。在压力条件下,由纯铝制成的铝坩埚可以冷焊接,可以完全密封。也可以在铝坩埚的盖子上钻不同大小的孔,以控制坩埚内气体的释放速率。轻铝坩埚可用于测试薄膜或粉末样品,可以提高峰的分离程度,这是由于轻铝坩埚具有较短的时间常数,关于时间常数会在后文进行介绍。液体样品不能用轻铝坩埚进行测试,因为当坩埚被密封时,液体经常会溢出。

除了常用的铝坩埚,还有高压坩埚以及用途特殊但使用较少的铂金、黄金、铜、蓝宝石或玻璃坩埚等。高压坩埚通常用于化学品和反应化合物的安全性测量。这种坩埚的优点在于,样品能够始终被密封在坩埚中,不会有任何组分逸出到坩埚外,样品在坩埚内可达到反应温度。因此,DSC 测试过程中使用何种坩埚需要根据测试样品的性质以及实验条件而定,不同的坩埚会对实验测试结果产生不同的影响。在对中、低温相变材料进行测试时,一般选择 40 μL 的密封标准铝坩埚。

如图 6-3 所示为 DSC 测试所用的标准带盖坩埚。一般取 5~10 mg 左右的测试样品放在铝坩埚中,盖上盖子后,用样品压制机进行压制。装样过程中应该尽量使相变材料均匀、密实地分布在坩埚中。

图 6-3　标准带盖铝坩埚(左侧为坩埚盖、右侧为坩埚)

在 DSC 测试时,应根据试样的性质及实验要求条件选择合适的坩埚。另外,坩埚质量对峰的分辨能力有较大的影响,坩埚质量越大,分辨率越差,坩埚质量越小,分辨率越好,因此,在可能的情况下,使用质量较小的坩埚。热容和传导性会影响测试热效应的分辨率和灵敏度,应尽量选择热容小和热传导性好的坩埚,这样能够减小坩埚内的温度梯度。

# 6.3　DSC 仪器测试实验与分析

## 6.3.1　DSC 仪器测试过程

### 6.3.1.1　样品制备的注意事项

理想的样品形态是平坦的圆片、密实的粉末或液体。测试过程中样品往往具有不规则的形状,应尽可能选择比较平的一面与坩埚底部接触,甚至可通过打磨等方式对与坩埚底部接触的一面进行优化处理。对于液体样品,可以用洁净的玻璃棒蘸取,棒与坩埚底部接触将棒端的液滴转移进坩埚,同样也可以用小注射器进行样品填充,在这过程中应避免样品与注射器材料发生反应。对于比较硬或比较粗糙的样品,需要将样品放在研钵中研磨成粉末状,但需保证研磨不会使样品的性质发生改变。样品制备及预处理过程中的注意事项:

① 样品的预处理过程中尽量不要改变样品的特性,如大多数的无机盐和无机水合盐相变材料具有吸潮性,因此在测试之前往往要进行干燥处理。如果干燥处理时的温度过高会导致无机水合盐中的水分的丢失,从而改变样品的特性。

② 样品的预处理过程中尽量不要改变样品的组分。

③ 样品制备或储存过程中应避免发生反应,如储存期间的固化反应。

④ 样品制备期间不要引入杂质,如具有吸潮性的样品会吸收空气中的水分从而引入杂质,影响测试结果。

⑤ 要考虑到测试的样品是否具有代表性,尤其是对于通过物理掺混方法制备的复合相变材料,其掺混的均匀程度会影响测试结果。因此,为了获得可信赖的结果,必须测试多个样品,对结果进行比较。

⑥ 经过机械加工(如切割、研磨、抛光)的试样会受到机械应力和热历史的影响,有时会导致试样的特性发生改变。

### 6.3.1.2　DSC 测试过程

(1)实验开始温度设定的准则

在第一个热效应出现之前要保证基线稳定。实验的开始温度通常要比第一个热效应出现的温度低升温速率数值的 3 倍,以达到热效应出现之前基线稳定的目标。例如,若升温速率为 10 ℃·min$^{-1}$,第一个热效应出现在 80 ℃,那么实验的开始温度至少要比 80 ℃低 3× 10(℃),即至少要从 50 ℃开始实验。通常要求实验的结束温度低于样品的分解温度,因为分解产物会对 DSC 炉体及传感器产生污染。如果可能的话,实验结束温度可以高于最后一个热效应升温速率数值的 2 倍,从而保证热效应之后的基线稳定。升温速率会对 DSC 的测试结果产生影响,选择合适的升温速率才能得到理想的实验结果。对于 DSC 实验,通常的升温速率为 5~20 K·min$^{-1}$。为了方便循环测量,大多数 DSC 仪器都可以设置循环次数。

本节中以 Discovery DSC 25 差示扫描量热仪对相变储能材料的相变温度和相变潜热

进行测试。Discovery DSC 25 仪器主要参数如下：

① 测试温度范围：$-80\sim550\ ℃$；

② 湿度范围：$20\%\sim98\%$；

③ 降温速率：$20\sim40\ ℃$，$\leqslant50\ \text{min}$（空载）；

④ 升温速率：$20\sim150\ ℃$，$\leqslant65\ \text{min}$（空载）。

（2）Discovery DSC 25 差示扫描量热仪软件界面说明

Discovery DSC 25 差示扫描量热仪的软件界面如图 6-4 所示。①区域为文件管理器，在此区域内能够创建新程序、查看正在运行的程序、查看未完成的程序、查看已完成的测试结果，测试结果在④区域显示；②区域是控制面板，在此区域内可以看到关于 DSC 炉体、吹扫气体等的相关信息，如温度（Flange Temperature，Temperature，Set Point Temperature）、时间（Method Time，Remaining Segment Time，Remaining Time）、气体流量（Cell Purge，Base Purge）、热流（Heat Flow）等；③区域可控制制冷系统的启动与关闭（RSC On/Off）、调整炉体的稳定温度等。

（3）相变材料测试过程说明

① 打开氮气瓶，调整至 0.1 MPa（0.1～0.14 MPa）；或打开氮气发生器，直到氮气流量稳定。

② 确定制冷机处在"Event"状态（黑色按钮），打开制冷机电源（绿色按钮）。

③ 打开 DSC 仪器后面的电源开关按钮，直到仪器完全启动。

④ 启动计算机，并点击电脑显示屏上的软件图标，出现对话框，点击"Connect"完成软件启动。

⑤ 软件界面右下角点击"RSC On"打开制冷机或者按下制冷机上的"Mannual"按钮启动制冷机；观察法兰温度"Flange Temperature"逐渐降低，直到稳定在 $-90\sim-80\ ℃$ 后，可以开始实验或校正。

⑥ 选择"Experiments"→"Creat New Run"；在"Sample"设置面板中输入样品名称"Sample Name"（石蜡），输入样品质量"Sample Mass"。

⑦ 在"Procedure"设置面板中进行温度与升降温速率的设置，具体设置程序如下说明。单击"Edit"→双击"Equilibrate"后输入起始温度→双击"isothermal"输入恒温时间→双击"Ramp"后输入升温速率与最终温度→双击"isothermal"输入恒温时间→双击"Ramp"后输入降温速率与起始温度→双击"isothermal"后输入恒温时间。（为确保热效应出现之前基线稳定，故选择 10 ℃ 为起始温度）

⑧ 点击"Procedure"面板中的"Apply"完成程序的确定与应用；点击界面上测"Experiment"中的绿色按钮"Start"开始测试。在右侧的控制面板中可以观察到炉体内的温度、测试剩余时间以及热流等参数。在中间的面板中可以观察 DSC 测试曲线的变化。

⑨ 待机与关机处理

• 关闭制冷单元，同时保证炉体内的温度与氮气流量稳定，等待"Flange Temperature"逐渐升高到室温。

• 关闭氮气发生装置或将氮气流量调整至 $0\ \text{mL}\cdot\text{min}^{-1}$。

• 保持主机在开机状态，关闭运行软件与电脑液晶显示屏。

关机处理时，要把主机同时关闭；长时间处于关机状态，再次使用时应先进行温度校准。

（4）注意事项

① 测试之前或测试过程中,程序顺序的调换、删除与添加可通过 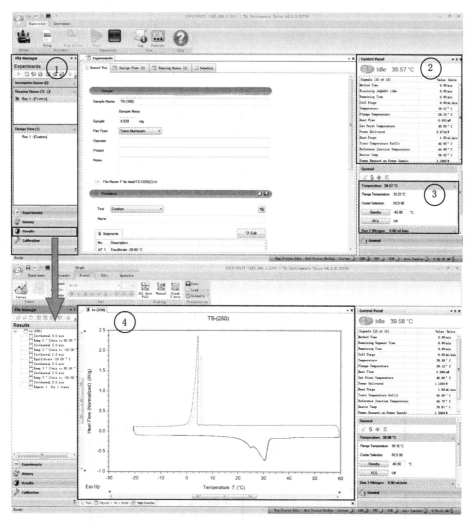 完成;

② 如果测试过程中发现测试错误等情况需要暂停测试时,可单击 中的红色按钮;

③ 打开炉盖前应确认炉子温度(Temperature)已在室温,切忌在高温或低温下打开炉盖;必须用专用的镊子,轻拿轻放;

④ 实验中,选择铝坩埚时,实验的最高温度不能超过 550 ℃;

⑤ 如在低温试验中突然断电,应关闭 DSC 电源并保证气体的正常供给;如正在进行加样或取样操作应立即停止;

⑥ 向样品池中放入参比盘与样品盘时,注意不要触碰到两者之间的热电偶。

图 6-4　Discovery DSC 25 差示扫描量热仪软件界面

## 6.3.2　结果分析与导出

对相变储能材料的相变温度和相变潜热进行计算与分析,将结果文件导出,包括软件自带格式文件(便于以后查证)、excel 文件、txt 文件以及 PDF 文件。具体文件导出步骤如图 6-5 所示。

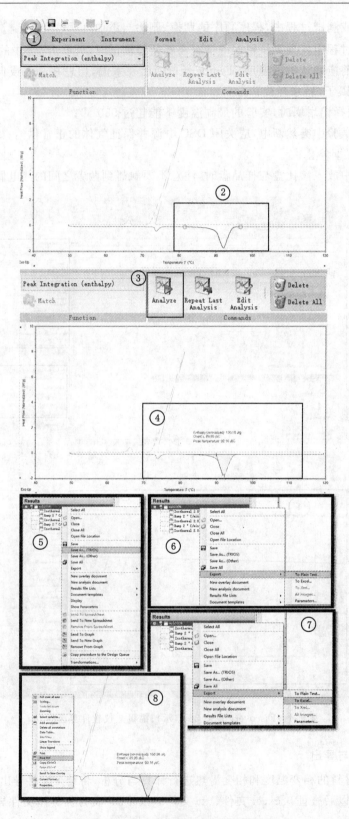

图 6-5　结果分析与导出软件流程图

分析:首先在①处的下拉菜单中选择"Peak Integration(enthalpy)"即对曲线进行熔值与温度分析;如②处所示,选择一个完整的峰,选峰结束后,用鼠标左键点击③处"Analyze"进行分析,如④处所示,起始点的温度、峰值温度以及熔值会在附近显示,显示的位置可以通过鼠标拖动进行更改。如果分析过程出现错误,可通过 [图标] 完成删除后,重新分析。

结果导出:在左侧的文件管理器中,选择"Results"后会出现完成的测试程序以及相关信息,然后鼠标右键单击根目录,如图中⑤处的"mnh 100%",选择"Save as…(TRIOS)"后保存在相应的文件夹,即完成了软件自带文件格式的保存;如图中⑥和⑦处所示,同样在左侧的文件管理器中,选择"Results"后,鼠标右键单击根目录,选择"Export"后,点击"To Plain Text…"或"To Excel…"可以分别输出 txt 和 excel 文件;鼠标右键点击⑧处,选择"Print PDF"后可导出 pdf 文件。利用 origin 等数据处理软件进行处理。

### 6.3.3　石蜡及其混合相变材料 DSC 测试实验与分析

有机相变材料具有无毒、无腐蚀、无过冷等优点,但是在相变过程中易发生泄漏。本实验以石蜡为相变材料,硅藻土为支撑材料制备了石蜡/硅藻土混合相变材料,并对其进行了DSC 测试。

(1)测试参数设置

① 测量温度范围为 10~60 ℃;

② 升温速率为 5 ℃·min$^{-1}$;

③ 氮气气氛,标准带盖坩埚;

(2)测试结果分析

石蜡及其混合相变材料的 DSC 如图 6-6 所示。由图可知,纯石蜡熔化时的起始温度与峰值温度分别为 32.40 ℃ 和 38.21 ℃,其凝固过程中的起始温度和峰值温度分别为30.05 ℃ 和 28.37 ℃。石蜡/硅藻土混合相变材料在熔化过程中的起始温度和峰值温度均低于纯石蜡。纯石蜡熔化过程与凝固过程中的相变潜热分别为 153.28 J·g$^{-1}$ 和 146.4 J·g$^{-1}$。随着混合相变材料中石蜡质量分数的减少,相变潜热逐渐减小。

### 6.3.4　无机盐及其混合相变材料 DSC 测试实验与分析

无机盐相变材料较有机相变材料具有相变潜热大、导热系数高、相变温度范围广等优点。本案例中以六水硝酸镁(MNH)为相变材料,硅藻土(Diatomite)为支撑材料制备了混合相变材料并对其进行了 DSC 测试。

(1)测试参数设置

① 测量温度范围为 50~120 ℃;

② 升温速率为 2 ℃·min$^{-1}$;

③ 氮气气氛,标准带盖坩埚。

(2)测试结果分析

无机盐及其混合相变材料的 DSC 曲线如图 6-7 所示。表 6-1 中列出了起始温度为 88℃ 左右的相变峰的 DSC 测试数据。由图 6-7 中的 DSC 曲线及表 6-1 中的 DSC 测试数据可以看出,硅藻土在测试温度范围内没有出现相变,混合相变材料的相变潜热随六水硝酸镁质量分数的增加而增大。六水硝酸镁及其混合材料的起始温度维持在 88~90 ℃,没有因硅藻土的添加而发生变化。

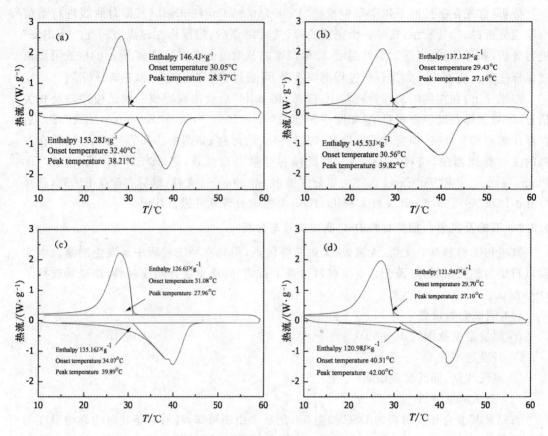

图 6-6　石蜡及其混合相变材料的 DSC 曲线
（a）石蜡纯材料；（b）95％石蜡＋5％硅藻土；
（c）90％石蜡＋10％硅藻土；（d）80％石蜡＋20％硅藻土

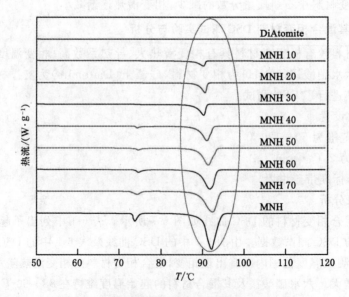

图 6-7　无机盐及其混合相变材料的 DSC 曲线

表 6-1　　　　　　　　　　无机盐及其混合相变材料的 DSC 测试数据

| 样　品 | 起始温度/℃ | 峰值温度/℃ | 相变潜热/$(J \cdot g^{-1})$ |
|---|---|---|---|
| Diatomite | — | — | 0 |
| MNH 10 | 88.01 | 90.18 | 9.07 |
| MNH 20 | 88.76 | 90.50 | 18.97 |
| MNH 30 | 88.16 | 90.10 | 26.41 |
| MNH 40 | 88.70 | 91.07 | 36.03 |
| MNH 50 | 88.89 | 91.40 | 46.78 |
| MNH 60 | 88.98 | 91.83 | 56.24 |
| MNH 70 | 88.96 | 92.48 | 66.87 |
| MNH | 89.91 | 92.13 | 100 |

### 6.3.5　相变胶囊材料及其潜热型功能流体 DSC 测试实验与分析

热交换设备的传热强度和负荷日益增加,传统的单相传热流体难以满足热交换需求,为了提高传统流体的效率,潜热型功能流体逐渐(LFTF)得到关注。相变微胶囊悬浮液是潜热型功能流体中的一种。本案例中测试了相变微胶囊及其潜热型功能流体的 DSC 曲线。

(1)测试参数设置

① 测量温度范围为 10~50 ℃;

② 升温速率为 2 ℃ · $min^{-1}$;

③ 氮气气氛,标准带盖坩埚;

(2)测试结果分析

相变微胶囊及其潜热型功能流体的 DSC 曲线如图 6-8 和图 6-9 所示,不同相变微胶囊质量分数的潜热型功能流体的 DSC 测试数据如表 6-2 所示。测试结果表明,相变微胶囊的相变潜热为 121.84 J · $g^{-1}$,起始温度为 31.06 ℃,峰值温度为 33.09 ℃。潜热型功能流体的相变潜热随微胶囊质量分数的增加而逐渐增大;潜热型功能流体的起始温度与微胶囊的起始温度基本一致,峰值温度略低于微胶囊的峰值温度。

表 6-2　　　　　　不同相变微胶囊质量分数下潜热型功能流体的 DSC 测试数据

| 样　品 | 起始温度/℃ | 峰值温度/℃ | 相变潜热/$(J \cdot g^{-1})$ |
|---|---|---|---|
| LFTF(5 wt %) | 31.14 | 32.49 | 5.66 |
| LFTF(10 wt %) | 31.20 | 32.54 | 12.02 |
| LFTF(20 wt %) | 31.14 | 32.59 | 24.93 |
| LFTF(30 wt %) | 31.14 | 32.71 | 36.03 |
| LFTF(40 wt %) | 31.01 | 32.77 | 50.98 |

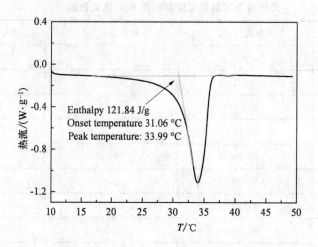

图 6-8　相变微胶囊 DSC 图

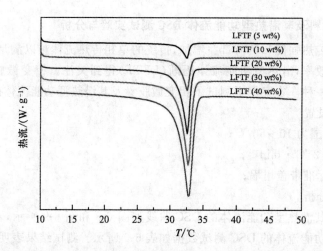

图 6-9　不同相变微胶囊质量分数的潜热型功能流体 DSC 图

# 第 7 章  导热系数测试与分析

## 7.1  引言

导热系数是反映介质传热能力大小的重要指标。在储能过程中,相变材料的导热系数越高,则储能系统的储能效率越高,反之相变材料的导热系数越低,则储能系统的储能效率越低。因此,相变材料的导热系数对储能系统储能效率有着很大的影响。但是大部分的相变材料导热系数较低,在实际应用时需要通过与高导热材料复合之后再进行使用。所以,对相变材料和复合相变材料的导热系数的测试至关重要。本章针对相变储能材料的导热系数测试方法及原理进行介绍,并通过具体的实验来讲解导热系数的测试过程和分析方法。

## 7.2  导热系数测试方法与原理

1753 年,Franklin 提出不同物质具有不同接受和传递热量能力的概念,这是导热系数最原始的表述。通常把反应物质导热能力的参数称为导热系数,也成为热导率。

根据傅立叶定律:

$$\partial Q = -\lambda \mathrm{d}S \frac{\partial T}{\partial x} \tag{7-1}$$

可以得出导热系数的计算公式:

$$\lambda_x = -\frac{\partial Q}{\mathrm{d}S} \bigg/ \frac{\partial T}{\partial x} = -q_x \bigg/ \frac{\partial T}{\partial x} \tag{7-2}$$

式中　$x$——热流方向;

　　　$\lambda_x$——$x$ 方向上的导热系数,$W \cdot (m \cdot K)^{-1}$;

　　　$S$——换热面积($x$ 方向的横截面面积),$m^2$;

　　　$Q$——单位时间内通过横截面所传递的热量,$W$;

　　　$q_x$——$x$ 方向上的热流密度,即单位时间内通过单位面积的热量,$W \cdot m^{-2}$。

从式(7-1)可以看出,导热系数 $\lambda$ 的值越大,材料传导热量的能力越高,传热效果越好;反之,材料越难传导热量,材料的保温性和绝热性越好。因此,精确地获得材料本身的导热系数,在设计热力学的基础研究、分析计算以及工程设计应用中具有重要的意义。

一般可以通过理论分析和实验两种方法来确定材料的导热系数[70]。理论分析方法是以量子力学和统计力学作为基础,通过研究物质的导热机理,进而分析导热的物理模型,再通过较为复杂的数学处理方法来获得材料的导热系数。但到目前为止,只有特定条件下的少数物质(某些气体、液体和纯金属)可以直接计算出材料的导热系数,其他物质难以进行理论分析计算。由于导热系数与其组成、结构、密度、含水率、温度等方面有关,即使相同的材料其导热模型也有巨大的差异。受这种理论模型的实用性限制,理论分析方法确定材料的导热系数面临极大的挑战。因此,实验确定材料的导热系数几乎成为目前在实际应用中获得材料的导热性系数的唯一行之有效的途径,并且探索更为准确的材料导热系数实验测试的技术和方法变得更为重要。

导热系数的实验测试方法可分为稳态法和非稳态法两大类。稳态法是指在测量开始前等待测样品中的温度稳定后进行测量,其测量原理是稳态的导热微分方程,能够直接测量物质导热系数,并且测量原理简单易懂,但所需时间较长;非稳态法依据瞬态导热微分方程,可以分别或同时测出材料的热导率、体积热容及热扩散率,测量时间短,但测量原理复杂,需要测量样品若干点温度随时间的变化。目前国内外公认的比较典型的几种导热系数测量方法如图 7-1 所示,在选取导热系数测量方法进行测量时,主要考虑以下几个因素:材料本身的物化性质、样品尺寸、所需的测量精度、测试时间的长短以及测试费用成本等。

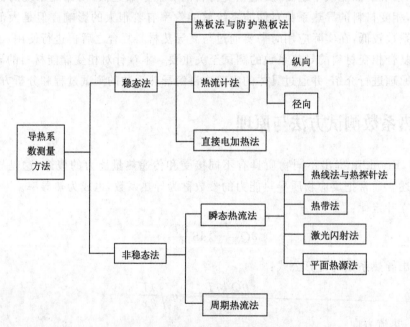

图 7-1  导热系数测量方法的分类[70]

基于傅立叶定律的稳态导热系数测试方法主要适用于测量低导热材料的导热系数,如热板法、防护热板法、热流计法等。基于瞬态导热微分方程的瞬态法在高温条件下测量导热系数的精确度更高,测量导热系数的范围也更广一些,如热线法、热带法、激光闪射法以及平面热源法等。

### 7.2.1  热板法与防护热板法

热板法与防护热板法均是基于一维稳态导热方程的测试方法,其基本原理相同,关键在于维持试样内纵向一维热流。不同之处在于防护热板法在热板法的基础上加装了边加热板和底加热板来防止试样的径向和底向热损,从而使试样内的的热流可理想化为一维热流[71-74]。

防护热板法装置主要有单试样和双试样结构(如图 7-2 所示)。导热系数测试实验装置多采用双试样结构,其加热器由独立的中心主加热板和保护加热板组成,被夹在两块相同的大小形状的试样中间,两块试样的另一端均与温度相同且温度分布均匀的冷板连接。保护加热板与中心主加热板之间布置有温差热电偶,通过监控温差热电偶来控制保护加热板的加热量,使其内边温度始终跟踪保护中心主加热板外圈的温度,这样可以将主加热板的侧面热损减少到最小。

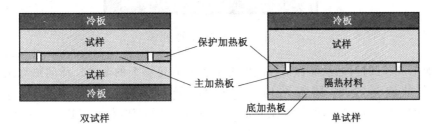

图 7-2　保护热板法原理图[70]

根据国际标准 ISO DIS8302,防护热板法试样的直径至少是厚度的 8 倍,有效测量区的直径至少是厚度的 4 倍,可以假定主加热板与冷板为无限大平板,则两板间产生均匀的一维热流,则导热系数根据式(7-2)为:

$$\lambda = \frac{Ql}{2A(T_\mathrm{h} - T_\mathrm{c})} \tag{7-3}$$

式中　$Q$——中心加热板的加热功率,W;

$\quad\quad A$——中心加热板面积,$\mathrm{m}^2$;

$\quad\quad l$——试样平均厚度,m;

$\quad\quad T_\mathrm{h} - T_\mathrm{c}$——冷热板之间的平均温差,K。

防护热板法是稳态法测量导热系数中的一种标准方法,其测试方法的精确度是目前公认最高的,可用于基准样品的标定和其他仪器的校准。

### 7.2.2　热流计法

热流计法与热板法原理相似,其原理如图 7-3 所示。热流计法测导热系数的实验装置主要由热板和冷板组成,一定厚度的测试样品放置在两板之间,在样品垂直方向产生一个恒定的单向的热流,热流传感器放置在样品与冷板之间并且与样品接触,用来测量通过样品的热流[72]。当冷板和热板的温度稳定后,测得样品厚度、样品上下表面的温度和通过样品的热流量,根据傅立叶定律即可确定样品的导热系数为:

$$\lambda = \frac{kq\delta}{\Delta T} \tag{7-4}$$

式中　$q$——通过样品的热流量,$\mathrm{W \cdot m^{-2}}$;

$\quad\quad \delta$——样品厚度,m;

$\quad\quad \Delta T$——样品上下表面温差,$\Delta T = T_\mathrm{h} - T_\mathrm{c}$,℃;

$\quad\quad K$ 为热流计常数,由仪器厂家给出,也可以用已知导热系数的材料进行标定得出。

热流计法根据热流的方向不同可以分为轴向热流法和径向热流法。轴向热流法通常用来测量导热系数较高的材料($5\sim400\ \mathrm{W \cdot m^{-1} \cdot K^{-1}}$),但是要求样品有足够大的厚度,一般

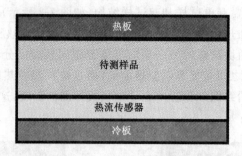

图 7-3　热流法原理图[72]

将样品加工成长圆柱体,从而保证样品的上下表面有足够大的温差。径向热流法在高温下具有很高的测量精度,装置结构相对简单,导热系数测量范围广(0.01～200 W·m⁻¹·K⁻¹),但对样品的长径比要求较大,样品为圆柱体时,长径比至少要大于 8。

### 7.2.3　直接通电法

直接通电法是指对试样直接施加电流通电进行加热,但此方法仅适用于电导体材料。直接通电法中应用最为广泛的是直接通电纵向热流法,其原理如图 7-4 所示。试样为长圆柱状金属,对其两端通电进行加热,为了减少热损失,实验装置设有保温炉,并加设隔热屏。整个实验在真空环境中进行,以减少试样与空气的导热和对流换热[70]。

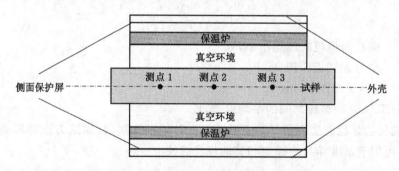

图 7-4　直接通电纵向热流法原理图[70]

其理想模型的基本假设为:实验没有任何热损,金属的电导率不随位置、温度变化。则该试样的导热问题可以看成是有内热源的导热问题,但在实际应用中需要由于设备向周围环境散热引起的热损,其微分方程为:

$$\frac{\mathrm{d}^2 T}{\mathrm{d}x^2}+\frac{\gamma}{\lambda}\left(\frac{\mathrm{d}V}{\mathrm{d}x}\right)^2-\frac{hP(T-T_\mathrm{a})}{S\lambda}=0 \tag{7-5}$$

式中,$\frac{hP(T-T_\mathrm{a})}{S\lambda}$ 为试样在 $\mathrm{d}x$ 区域内的热损;$h$ 为当量放热系数;$P$ 为试样横截面周长;$T_\mathrm{a}$ 为周围环境温度;$\gamma$ 为试样的电导率;$V$ 为试样测点处的电压。

金属的电导率 $\gamma$ 不随位置、温度变化,则有

$$\frac{\mathrm{d}V}{\mathrm{d}x}=\frac{\Delta V}{l} \tag{7-6}$$

式中　$\Delta V$——两测试点截面间的电位差;

　　　$l$——两测试点横截面之间的距离。

电导率 $\gamma$ 还可以表示为 $\gamma = \dfrac{l}{S}\dfrac{I}{\Delta V}$, $S$ 为试样的横截面积, $I$ 为通过试样的电流。对式 (7-5)进行求解,并将三个测试点测得的数据: $x=-l$, $T=T_1$; $x=0$, $T=T_2$; $x=l$, $T=T_3$ 代入结果中可得:

$$\lambda = \frac{l}{4S} \frac{I\,\Delta V}{\left[2T_2 - (T_1 + T_3) - 2\varepsilon N\right]} \tag{7-7}$$

式(7-7)中:

$$N = T_a - \left[T_2 - \frac{1}{6}\left(T_2 - \frac{T_1 + T_3}{2}\right)\right] \tag{7-8}$$

$$\varepsilon = \left[T_{2,0} - \frac{T_{1,0} + T_{3,0}}{2}\right] / N_0 \tag{7-9}$$

式(7-9)中:

$$N_0 = T_{a,0} - \left[T_{2,0} - \frac{1}{6}\left(T_{2,0} - \frac{T_{1,0} + T_{3,0}}{2}\right)\right] \tag{7-10}$$

式(7-9)和式(7-10)中,角标"0"表示在保温炉加热,环境达到热稳定,试样也达到热稳定而未进行通电时的测量值。因此,实验时必须对试样进行未通电两次测量,以便得到修正值,消除侧面热损所引起的原理误差。直接通电纵向热流法必须要有良好的环境保温装置来保证 $\varepsilon$ 尽可能得小,才能克服原理误差,尤其像不锈钢这种导热系数较低的合金材料,直接通电法能使试样较容易达到很高温度,能够测出导电材料高温下的导热系数,并且试样到达热稳定的时间远远短于其他稳态法,常用来测量导电材料高温下的导热系数。

### 7.2.4 瞬态热线法与热探针法

瞬态热线法与热探针法的物理模型与测量原理相似,其装置简图如图 7-5 所示。瞬态热线法是在实验材料的中间放置一根细长的金属加热丝(即热线),在热线两端通上电压,热线的温升速度与实验材料本身的热物性有关,通过测量电阻变化得到温升和时间的关系来计算热导率[75,76]。热探针法是一根内部加热丝和热电偶的金属探针,在一定的加热功率下,通过平行热电偶测量探针的温升规律从而得到材料导热系数[77]。因为瞬态热线法与热探针法测量原理相似且导热系数计算公式相同,本书只对热线法原理进行介绍。

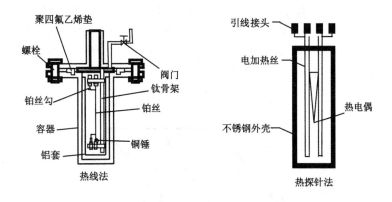

图 7-5 热线法与热探针法装置简图[70]

瞬态热线法理想模型的基本假设为:热线无限长且自身的热容很小,甚至可以忽略;热线的直径很小,可以假定为几何上无限小;待测样品的热物性与时间、温度和温度梯度无关;待测样品无限大,均一连续且各向同性;热线与待测样品完全热接触,热传递仅为热传导。

热线法瞬态热传导方程为:

$$\frac{\partial \theta(r,\tau)}{\partial \tau} = \alpha \left[ \frac{\partial^2 \theta(r,\tau)}{\partial r^2} + \frac{\partial \theta(r,\tau)}{r\partial r} \right] \tag{7-11}$$

式(7-11)中,$\theta(r,\tau)$表示时间为$\tau$时距离热丝为$r$时的温升;$\alpha$为材料的热扩散系数,单位为$m^2 \cdot s^{-1}$。其边界条件为:

$$\theta(r,t) \big|_{t=0} = 0 \tag{7-12}$$

$$\theta(r,t) \big|_{r=\infty} = 0 \tag{7-13}$$

$$\lim_{r \to 0} \left( r\frac{\partial \theta(r,\tau)}{\partial r} \right) = -\frac{q}{2\pi\lambda} \tag{7-14}$$

式(7-14)中,$q$为热线的加热功率,单位$W \cdot m^{-1}$。通过拉普拉斯变换,对式(7-11)进行求解为:

$$\theta(r,t) = \frac{q}{4\pi\lambda} E_1 \left( \frac{r^2}{4\alpha\tau} \right) \tag{7-15}$$

式(7-15)中:

$$E_1(x) = \int_x^0 \frac{e^y}{y} dy = -\gamma - \ln x + x + O(x^2) \tag{7-16}$$

式(7-16)中,$\gamma = 0.5772157\cdots$为欧拉常数,则试样的导热系数为:

$$\lambda = \frac{q}{4\pi\theta(r,t)} E_1 \left( \frac{r^2}{4\alpha\tau} \right) \tag{7-17}$$

热线法可以消除样品边界和环境热对流产生的影响,获取的数据比稳态法更可靠,可以高精度地测量固体、粉末、液体、生物组织和气体热导率,尤其适合测量流体的热导率;热探针法主要适用于液体和松散材料,两种方法都不仅适用于干燥材料,还可以用来测量含湿材料的导热系数。

### 7.2.5　热带法

热带法原理与热线法相似,将一条很薄的金属片插入两块相同的试样或松散材料中,对金属片施加恒定电流,金属带上产生的焦耳热向周围介质进行传递,如图 7-6 所示[78]。热带法理想模型的基本假设为:热带无限长,周围介质无限大,金属热带与周围介质无接触热阻。通过测量热带的温度变化可以得到导热系数,热带的温度变化可以直接用热电偶进行测量,也可以通过测量热带的电阻变化来获得。热带法测量导热系数的理论公式为:

$$\lambda = \frac{Q}{4\pi} \bigg/ \frac{dT_m(\tau)}{d\ln(\tau)} \tag{7-18}$$

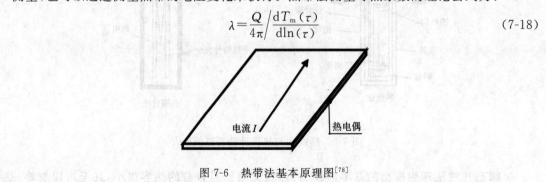

电流 $I$　　　　热电偶

图 7-6　热带法基本原理图[78]

式中　$Q$——单位长度金属热带的加热功率，$\mathrm{W} \cdot \mathrm{m}^{-1}$；

　　　$T_\mathrm{m}(\tau)$——热带的平均温升，℃。

热带法所采用的金属带通常为金属铂，金属片不仅作为测试装置中的加热元件，还是温度传感器，因此所采用的金属片越薄，热带与试样之间的接触热阻就越小，所得到的试样温度的精确度就越高，从而进一步减少实验装置的系统误差。与热线法相比，热带法使用薄带状的热源和传感器结构，能更好地与试样接触，测量的温度数据精确度更高，故热带法测量试样导热系数的精确度要比热线法高，实验装置的实际测量偏差最大不会超过 5%。由于测量过程中加热功率的大小与材料的导热性能成正比，因此对于高导热性能的材料需要加大热带上的加热功率，但如果加热功率过高，会使裸露在空气中的热带温升很高，而进一步影响试样内的温度场分布，使实验误差增大。因此瞬态热带法适用于测量导热系数较低（小于 $2.0\ \mathrm{W} \cdot \mathrm{m}^{-1} \cdot \mathrm{K}^{-1}$）的材料。

### 7.2.6　激光闪光法

激光闪光法最早在 1961 年由 Parker 提出，该方法是通过测量热扩散系数 $\alpha$ 和比热容 $c_\mathrm{p}$，再由导热系数与热扩散系数和比热容的关系来确定材料的导热系数。闪光法是将样品放入炉中，加热至恒定温度保持不变，热稳定后再使用激光脉冲或氙气灯脉冲均匀地照射在小圆盘形样品的正面，辐射照射时间很短，在毫秒级甚至更短，样品背面（$x=L$）紧贴温度传感器，通过记录温度变化，可以得到材料的热物性值[79,80]。

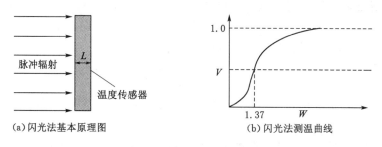

　　(a)闪光法基本原理图　　　　　　　　　　(b)闪光法测温曲线

图 7-7　闪光法测量热扩散率[70]

闪光法理论模型的基本假设为：激光脉冲的宽度足够小且脉冲时间足够短，脉冲能量的吸收仅在试样很小的厚度内发生；实验过程中，炉中温度保持不变；试样均匀不透光且不发生热损失；热量在试样内的传递为一维热流。则其导热微分方程为：

$$\frac{\partial^2 T}{\partial x^2} = \frac{1}{\alpha}\frac{\partial T}{\partial \tau} \tag{7-19}$$

$\tau = 0$ 时（$\tau$ 为脉冲加热后的时间），脉冲光照射在试样表面被均匀吸收，则可以认为在距表面微小距离 $l$ 内的温升 $\theta(x,0)$ 为：

$$\theta(x,0) = \frac{q}{\rho c_\mathrm{p}}\ (0 < x < l) \tag{7-20}$$

$$\theta(x,0) = 0\,(l < x < L)$$

式（7-20）中，$L$ 为试样的厚度。待测样品的边界条件为：

$$\frac{\partial T}{\partial x} = 0, x = 0, L > 0, \tau > 0 \tag{7-21}$$

则式（7-19）的通解为：

$$\theta(x,0)=\frac{q}{\rho c_p L}\left[1+2\sum_{n=1}^{\infty}\cos\frac{n\pi x}{L}\cdot\frac{\sin\left(\frac{n\pi l}{L}\right)}{\frac{n\pi l}{L}}\exp\left(-\frac{n^2\pi^2}{L^2}\alpha\tau\right)\right] \tag{7-22}$$

试样背面 $L$ 处的温升为：

$$\theta(x,0)=\frac{q}{\rho c_p L}\left[1+2\sum_{n=1}^{\infty}(-1)^n\exp\left(-\frac{n^2\pi^2}{L^2}\alpha\tau\right)\right] \tag{7-23}$$

$\tau=\infty$ 时，试样背面 $L$ 处的温升达到最大值，即 $\theta_{max}=\dfrac{q}{\rho c_p L}$，将其带入 (7-23) 并进行无量纲化处理，令：

$$V(L,\tau)=\frac{\theta(L,\tau)}{\theta_{max}},\omega=\frac{\pi^2\alpha\tau}{L^2} \tag{7-24}$$

则

$$V(L,\tau)=1+2\sum_{n=1}^{\infty}(-1)^n\exp(-n^2\omega) \tag{7-25}$$

式 (7-25) 的曲线图为图 7-7(b)。定义样品背面的温升达到最大温升的一半时的时间为 $\tau_{0.5}$，此时 $V(L,\tau)=0.5,\omega=1.37$，带入式 (7-24) 中，可得样品的热扩散率为：

$$\alpha=\frac{0.1388L^2}{\tau_{0.5}} \tag{7-26}$$

样品的比热容可以将待测试样（角标"S"）与参考试样（角标"R"）的最大温升进行对比得到（参考试样的比热容已知）。当闪光的脉冲辐射相同且样品表面的辐射吸收率相同（可以对样品表面涂相同的高吸收率涂层），待测试样的比热容为：

$$c_{p,S}=\frac{\rho_R c_{p,R} L_R \theta_{max,R}}{\rho_S L_S \theta_{max,S}} \tag{7-27}$$

获得试样的热扩散率和比热容后，样品的热导率为：

$$\lambda=\rho\alpha c_p \tag{7-28}$$

激光闪光法仅适用于各向同性材料，测试的温度范围是 $-100\sim2000$ ℃，导热系数范围是 $0.1\sim2000\ W\cdot m^{-1}\cdot K^{-1}$，更适合测量高温材料的导热系数。对于热扩散率较小的材料，其测试误差较大；对于热扩散率较大的材料，需要的试样更厚一些。试样通常被制成圆盘形，直径约 $6\sim16\ cm$，厚度一般为 $1.5\sim4\ mm$。激光闪光法由于测量范围广，所需时间短和测量精度高等优点已被广泛应用。

### 7.2.7 瞬态板式热源法

瞬态板式热源法是在瞬态热线法和瞬态热带法的基础上研发出来的，又被称为 Hot Disk 法。瞬态板式热源法原理图如图 7-8 所示，采用一个薄膜式传感器既作为加热源，又作为温度传感器。在测试时将电传感器放置在两块相同的被测材料中间（只需要保证与传感器相接处的样品表面光滑即可），然后对电阻元件输入恒定的直流电，可以通过测量探头的电阻变化来得到热扩散率和导热系数[81-84]。

传感器采用经过刻蚀处理成双螺旋结构的电热金属镍箔，并在双螺旋的结构两边覆上几十微米厚的薄膜，减小传感器与试样的接触热阻，并起到电绝缘和保护作用以适用于导电材料导热系数的测量。Hot Disk 法可以采用单相或双向测量，双向测量可以提高测量结果的准确性，因其测量范围广、时间短、精度高等优点被广泛应用。

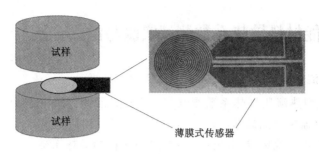

图 7-8　Hot Disk 法测量原理图[70]

### 7.2.8　周期热流法

周期热流法是将呈周期性变化的热流供给试样来确定导热系数的方法。周期性加热源通常采用调制器制作加热用的连续性光源,也可以利用帕尔贴效应对半导体的 PN 结输入周期性电流来产生周期性加热冷却效果。

根据热流方向的不同,周期热流可以分为纵向热流法和径向热流法。纵向热流法的试样为一个半无限长圆柱体,圆柱体侧壁绝热,在圆柱体一端施加正弦热流,通过相位滞后法或振幅衰减法来确定材料的热扩散系数。径向热流法是在试样轴线或者圆周壁面上施加周期性热流,测得试样径向上不同点温度随时间的变化并分析其幅值和相位来确定材料的热扩散系数。对于低导热系数的金属可以制成长度稍短而直径较大的圆柱体,而高导热系数的试样则制成细长的圆柱体,这样可以近似为半无限圆柱体。

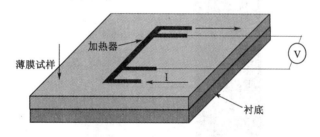

图 7-9　$3\omega$ 法测量原理图[70]

周期热流法中的 $3\omega$ 法是一种用于测量薄膜材料导热系数的典型方法。于 1990 年被 Cahill 等提出,原理是利用沉积于薄膜样品上的细长金属线同时作为加热器和温度传感器,如图 7-9 所示。当给金属线输入一定频率 $\omega$ 的电流时,由于金属线的电阻值会随温度的升高而升高,所以金属线会产生一个频率为 $2\omega$ 的温度波并向薄膜层进行扩散,而且产生的 $2\omega$ 的温度波的幅值与金属线两端测量出来的 $3\omega$ 的电压信号相关,因此称之为 $3\omega$ 法[85,86]。$3\omega$ 法对于热损失不敏感,能够有效地降低因黑体辐射引起的误差,测量时间短,可用于高温下的测量。但此种方法要求热量的穿透深度小于薄膜的厚度,因此当薄膜的厚度很小时,需要很高的频率。

## 7.3 相变储能材料导热系数测试实验与结果分析

### 7.3.1 石蜡及其混合相变材料导热系数测试实验与分析

采用 DRL-Ⅲ型热流法导热系数测试仪对石蜡及石蜡/高岭土混合相变材料的导热系数进行测试。该仪器主要测试薄的热导体、固体电绝缘材料、导热树脂、氧化铍瓷、氧化铝瓷等细小材料的热阻以及固体界面处的接触热阻和材料的导热系数。检测材料为固态片状，加围框可检测粉状态材料及膏状材料。DRL-Ⅲ导热系数测试系统如图 7-10 所示。主要参数如表 7-1 所示。

**表 7-1** DRL-Ⅲ 导热系数测试仪仪器参数

| 试样大小/mm | 试样厚度/mm | 热极控温范围/℃ | 冷极控温范围/℃ | 导热系数测试范围/(W·m⁻¹·K⁻¹) | 热阻测试范围/(K·W⁻¹) | 压力测量范围/N | 测试精度/% |
|---|---|---|---|---|---|---|---|
| Φ30 | 0.02～20 | 室温～99.99 | 0～99.0 | 0.05～45 | 0.05～0.000005 | 0～1 000 | 3 |

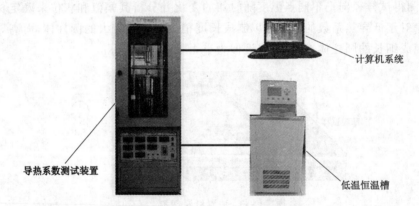

图 7-10　DRL-Ⅲ导热系数测试系统

（1）测试前准备工作

① 将制备的石蜡/高岭土混合相变材料用电子天平称量 5 g 左右，并用压片机将其压制成直径为 30 mm 的圆柱状待测试样。

② 在保温桶中加入 3/4 的冰和 1/4 的水，组成冰水混合物，然后把导热系数测试仪参比端的热电偶插入冰水混合物中。

③ 打开低温恒温槽电源开关，设置好所需温度。打开循环开关，建立仪器测试冷端第二恒温场，再打开制冷开关，水槽进入恒温状态。

④ 打开仪器主机电源开关。

⑤ 启动计算机，运行导热系数测试系统程序，进入实验选择窗体-导热系数测试系统，软件界面如图 7-11 所示。

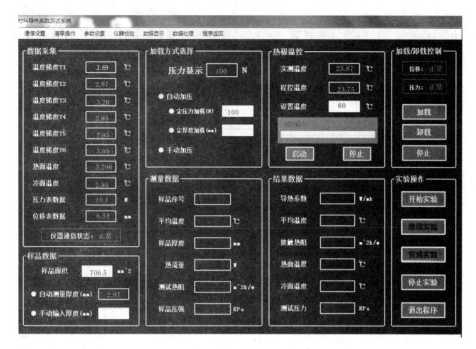

图 7-11　DRL-Ⅲ导热系数测试软件界面图

（2）导热系数测试过程

① 装样：主机上手动/自动开关拨向"自动"位置，在软件控制界面中点击"卸载"按扭，使下测试杆下降到底，在样品的两个面端涂覆导热硅脂（如热接触好的试样不需要涂）；将样品放置在下热极上，设定好加载压力，然后点击"加载"按扭，使下测试杆上升，当加载压力达到设定值时，则仪器自动停止加载。

② 热极温控设置温度中输入热极温度值，一般高于恒温水槽 30～40 ℃，点击"确认设置"键，观察程控温度是否与实测温度相同，如不相同则点击"修改设置"后再点击"确认设置"键。然后点击"加热启动"键，观察热极温控表下显示框跳动的"stop"是否消失，如没有消失则点击"加热停止"后再点击"加热启动"键。

③ 输入试样传热截面积，选择自动测厚或手动输入试样厚度数据，然后点击"确认"键。

④ 选择自动加压或手动加压方式，自动加压方式需输入加压值，并点击"确认"键。

⑤ 点击"开始实验"键，仪器进入自动测试状态，直至测试完成，装另一厚度试样，点击"继续实验"键，仪器进入第二厚度自动测试，完成后，可再测第三厚度试样，点击"完成实验"键，结束实验。每次测试完成后要用无水乙醇清洗热极与冷极。

⑥ 点击"生成报告"键，进行数据保存。测量结果报告样式如图 7-12 所示，每次导热系数测量完成后都要保存数据。实验全部完成后，将仪器及电脑关闭。

（3）实验结果与分析

本实验主要对含有不同高岭土质量分数的石蜡/高岭土混合相变材料在不同温度下的导热系数进行了测试，测试的温度取平均温度，即冷面温度和热面温度的平均温度，测试结果如图 7-13 所示。从图中可以看出，在同一温度下，石蜡/高岭土混合相变材料的导热系数随着高岭土质量分数的增大而增大，这主要是因为高岭土的热导率高于石蜡，因此随着高岭土含量的增大,混合相变材料的导热系数逐步提高。当石蜡/高岭土混合相变材料中各组分比例一定时,混合相变材料的导热系数随温度的升高而降低,这是由于声子的散射程度随温度的增大而减小,物体的分子间无规则运动加剧,不利于热量的传导。

# 导热系数测量结果报告

| 送检单位: jk | 试样名称: 1250p-k4 25度 | 试样类别: |
| 检测仪器: DRL导热仪 | 执行标准: D5470 | 环境温度: 25℃ |
| 检测单位: | 测试员: PZ L | 检测日期: 2016/8/17 |

测里数据:

| 序号 | 热面温度 | 冷面温度 | 样品厚度 | 样品面积 | 热流量 | 测试热阻 | 测试压力 |
| --- | --- | --- | --- | --- | --- | --- | --- |
| 1 | 38.7290001 | 11.6719999 | 3.61999989 | 671.849976 | 1.897 | 0.009469 | 54.1800003 |
| | (℃) | (℃) | (mm) | (mm^2) | (W) | (m^2k/w) | (KPa) |

测里结果:

| 平均温度(℃): | 25.2 | 导热系数(W/mk): | 0.3823 |
| --- | --- | --- | --- |
| 热面温度(℃): | 38.729 | 接触热阻(m^2K/W): | 0 |
| 冷面温度(℃): | 11.672 | 测试压力(kPa): | 54.18 |

图 7-12　DRL-Ⅲ导热系数测试结果报告

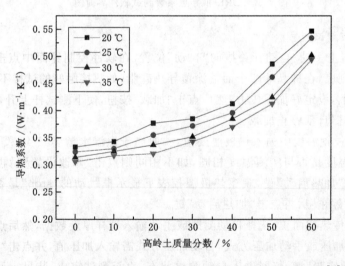

图 7-13　不同质量分数的石蜡/高岭土混合相变材料的导热系数[87]

## 7.3.2　六水硝酸镁/硅藻土混合相变材料导热系数测试实验与分析

采用 TC3000E 热线法导热系数测试仪对六水硝酸镁/硅藻土混合相变材料的导热系数进行测试。该仪器主可广泛适用于保温材料、导热胶、橡胶、塑料、陶瓷、土壤、岩石等各种纯质材料、复合材料在不同状态(如块状、片状、粉末、膏状物或者胶体)下的导热系数测量。对待测试样的要求很低,适用于多层复合材料等成品的导热系数检测;还可以在材料的不同位置、不同方向、不同端面进行测试,可用于检测材料的均匀性。该仪器参数如表 7-2 所示。TC3000E 导热系数系统的结构图如图 7-14 所示。该系统中 TC3000E 配有温度模块,用于测量不同温度下材料的导热系数。

**表 7-2**　　　　　　　　　　**TC300E 导热系数测试仪仪器参数**

| 样品尺寸 | 温度范围 /℃ | 工作环境温度 /℃ | 导热系数测试范围 /(W·m⁻¹·K⁻¹) | 测量时间 /s | 测试精度 /% |
|---|---|---|---|---|---|
| 最小厚度 0.3 mm 最小边长 25 mm | 0.1～200 | 10～40 | 0.001～10 | 2～20 | 3 |

表 7-2　　TC300E 导热系数测试仪仪器参数

| 样品尺寸 | 温度范围 $/℃$ | 工作环境温度 $/℃$ | 导热系数测试范围 $/(\text{W·m}^{-1}\text{·K}^{-1})$ | 测量时间 $/\text{s}$ | 测试精度 $/\%$ |
|---|---|---|---|---|---|
| 最小厚度 0.3 mm<br>最小边长 25 mm | 0.1～200 | 10～40 | 0.001～10 | 2～20 | 3 |

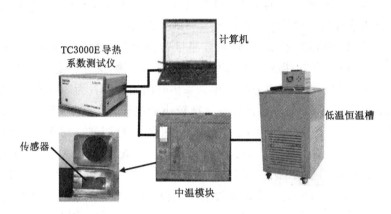

图 7-14　TC3000E 导热系数测试系统

（1）实验前准备

① 制样：将制备的六水硝酸镁/硅藻土混合相变材料用电子天平称量 5 g 左右，并用压片机将其压制成直径为 30 mm 的圆柱状待测试样。

② 本实验采用高温模块进行导热系数的测量，将高温模块与 TC3000E 相连接，将测试仪与计算机相连接，打开高温模块与 TC3000E 的开关，在高温模块的液晶显示屏上设置好所需的试验温度。

③ 启动计算机，运行 Hotwire 导热系数测试系统程序，如弹出通信端口设置窗体，说明仪器使用的通信端口与软件设置不一致，请从下拉框中选择与仪器对应的端口号，然后点击"确认"键，进入软件界面，选择测试仪器为 TC3000E。

④ 在进行导热系数测量前，先对仪器进行可靠性检验。使用厂家配置的标准样品对仪器的测试精度进行检验，三种标准样品的导热系数及测试条件如表 7-3 所示，当测试结果在误差允许范围内，则开始待测样品的测试实验。

**表 7-3**　　　　　　　　**标准样品的测试条件及导热系数**

| 样品名称 | 样品尺寸 /mm | 导热系数 /(W·m⁻¹·K⁻¹) | 采集电压 /V | 采集时间 /s | 采集模式 |
|---|---|---|---|---|---|
| 有机玻璃 | 50×40×10 | 0.2035 | 1 | 5 | 正常 |
| 硅硼玻璃 | 50×40×10 | 1.149 | 1.5 | 5 | 正常 |
| 不锈钢 | 50×40×10 | 14.52 | 2.5 | 5 | 正常 |

（2）导热系数测试过程

① 将传感器平放于一块待测样品上，将另一块待测样品完全覆盖在传感器上，并与传感器下面的样品完全重合，确保样品和② 传感器表面之间无空气间隙，减少接触热阻。然后用 500 g 砝码压住试样和传感器。

待环境模块液晶显示屏上显示的实际温度到达所需温度时，先对试样进行"热平衡监测"，监测被测样品与传感器的温度，当温度波动小于 $\pm 500$ mK · 5 min$^{-1}$ 时，结束温度监测，图 7-15 为导热系数测试软件中的导热系数测试界面图。

③ 当热平衡监测完成后，点击"导热系数测量"，弹出"导热系数测量"窗口，如图 7-15 所示。点击"物质管理"，弹出"物质管理"窗口，下拉窗口左侧，选择自定义样品，输入样品的物质名、密度，测量时的采集时间与采集电压。采集时间一般设置为 3 s，采集电压根据物质大概的导热系数进行设置，低导热系数材料选择较小的电压，反之选择较大一点的电压，电压的选择一般在 $0.5 \sim 2.5$ V 之间，可以根据数据分析图进行调节。调节系数和时间修正无须进行更改，保持默认设置。所有参数设置完成后，点击添加，然后关闭"物质管理"窗口。在"导热系数测量"窗口的物质名中下拉选择刚才所定义的物质名，输入时间间隔和重复次数，时间间隔默认为 3 min，重复次数默认为 6 次，重复次数可以根据自己需要进行设置，导热系数较低的材料的时间间隔可设置较大一些。点击"测量"按钮，则开始导热系数的测量。

④ 待一组数据测量完成后，点击"数据分析"，进入软件的数据分析窗口。窗口共分为导热系数分布图、误差分布图、分析数据显示和数据分析图四部分，如图 7-16 所示。点击导热系数测量的数据，点击鼠标右键，选择查看，即可看到导热系数的数据分析图。判断导热系数测量结果准确的标准：数据分析图后半段为光滑的直线。若数据分析图尾部上扬，可能的原因是测量电压太大或样品太薄，热量穿透了样品，可以通过调小测量电压值或增加样品厚度来改善这一状况；若数据分析图后半段点分布比较松散，可能的原因是测量电压太小，可以通过调大测量电压值来改善；若数据分析图后半段十分不平整，可能的原因是样品表面热线周围凹凸不平造成的，可以更改热线位置或者涂抹导热硅脂或是覆盖一层保鲜膜进行改善。

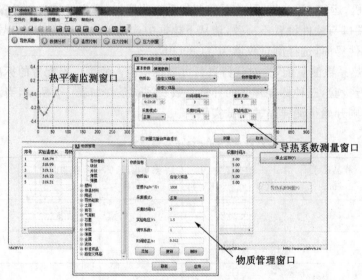

图 7-15  Hotwire 导热系数测试软件的导热系数测试窗口

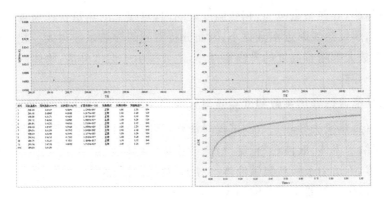

图 7-16　Hotwire 导热系数测试软件的数据分析窗口

　　⑤ 每组数据测量结束后,点击导热系数数据结果,并右键导出分析结果,导出格式选择为 EXCEL 格式。导热系数分布图和误差分析图都可以点击右键进行保存,以便分析查看。原始文件的保存路径为:文件－保存文件－保存类型为(＊.hwsl),命名文件名－保存在指定文件夹,以便再次打开查看图谱分析、测量数据等操作。

　　⑥ 本实验主要测量同一样品不同温度下的导热系数,因此测量完某一温度下的导热系数后,重新设定环境模块的温度,待达到所需温度时,重复步骤(2)～(4),即可进行下一个温度点导热系数的测量。

　　⑦ 实验完成后,保存数据,先关闭软件,再依次关闭计算机、TC3000E 和环境模块,并用无水乙醇将传感器擦拭干净,放入卡套中进行保存以便下次使用。

　　(3) 测试结果与分析

　　硅藻土质量分数为 50% 的六水硝酸镁/硅藻土混合相变材料的导热系数如图 7-17 所示。硅藻土能够有效地防止六水硝酸镁的泄漏,因此本实验测试的温度范围涵盖了六水硝酸镁的相变区间。混合相变材料的相变温度为 88 ℃,从图中可以明显看出相变温度附近,复合材料的导热系数突然增大,主要是因为热线法是靠监测热线周围的温升来测量材料的

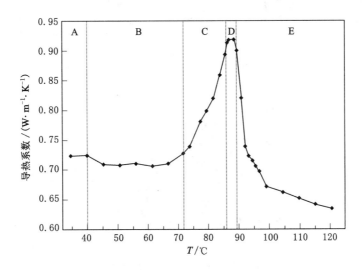

图 7-17　六水硝酸镁/硅藻土混合相变材料的导热系数

导热系数,温升越小,导热系数越大,相变温度区间内,热线上的热量快速地被试样吸收作为潜热被存储起来,所以热线附近温升很小,因而分析得到的导热系数很大。相变材料在相变区间外的导热系数大都随着温度的升高而减小,主要是由于温度升高,物体的分子间无规则运动加剧,不利于导热。

### 7.3.3 潜热型功能流体导热系数测试实验与分析

采用 TC3000L 热线法导热系数测试仪对潜热型功能热流体的导热系数进行测试。该仪器主要适用于纳米流体、液体燃料、制冷剂、冷冻液、润滑油、导热油、血液、离子液等各种极性、非极性液体,不适用于强酸强碱液体。对于颗粒较大的液体,要先进行过滤,防止颗粒对阀门造成摩擦损伤。仪器主要参数如表 7-4 所示。

表 7-4 TC3000L 导热系数测试仪仪器参数

| 样品用量 /mL | 温度范围 /℃ | 工作环境温度 /℃ | 导热系数测试范围 /(W·m$^{-1}$·K$^{-1}$) | 测量时间 /s | 测试精度 /% |
|---|---|---|---|---|---|
| ≥30 | 0.1～99 | ～200～150 | 0.001～5 | ≤2 | 3 |

TC3000L 导热系数系统图如图 7-18 所示。该系统中 TC3000L 配有中温环境模块,包括样品容器和低温恒温槽,样品容器入口与出口与低温恒温槽相连,通过循环水浴实现温度控制。高温环境模块只有高温样品容器,内置加热器,通过显示屏设置所需温度,其他与常温样品容器相同。由于液体容器中内置传感器,需将其置于稳定的环境中,防止振动与噪音。

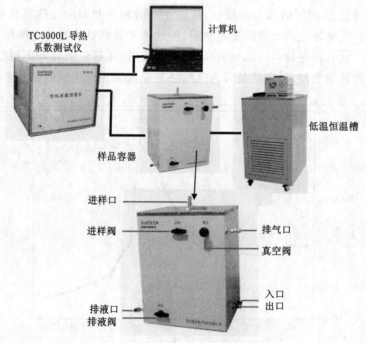

图 7-18 TC3000L 导热系数测试系统

（1）实验前准备

① 制样：潜热型功能流体采用石蜡/密胺树脂相变微胶囊作为添加物，基液为水和乙醇的混合液，相变微胶囊在基液中均匀分散，用量筒量取 30 mL 的潜热型功能流体来进行导热系数的测试。

② 本实验采用中温环境模块进行导热系数的测量，先打开恒温槽电源开关，设置好所需温度并将恒温槽与样品容器相连，打开循环开关与制冷开关，水槽进入恒温状态。将样品容器与 TC3000L 相连，连接测试仪与计算机，打开样品容器与 TC3000L 的开关。

③ 启动计算机，运行 Hotwire 导热系数测试系统程序，如弹出通信端口设置窗体，说明仪器使用的通信端口与软件设置不一致，请从下拉框中选择与仪器对应的端口号，然后接"确认"键，进入软件界面，选择测试仪器为 TC3000L。

④ 在进行导热系数测量前，先使用清洗液对样品容器进行清洗 2～3 次，具体的清洗步骤与进样步骤相同。

⑤ 使用厂家配置的标准样品对仪器的性能进行检验，标准样品的导热系数及测试条件如表 7-5 所示。

表 7-5　　　　　　　　　　TC3000L 标准样品的测试条件及导热系数

| 样品名称 | 导热系数/(W·m$^{-1}$·K$^{-1}$) | 采集电压/V | 采集时间/s | 采集模式 |
|---|---|---|---|---|
| 纯水 | 0.6015(295 K) | 1 | 5 | 正常 |
| 甲苯 | 0.1318(295 K) | 2.5 | 5 | 正常 |

（2）导热系数实验测试

① 进样：

a. 关闭液体容器前面板的进样阀、真空阀和排液阀；

b. 将清洗液/待测液体缓慢注入进样杯中，直到注满为止（约 30 mL 液体）；

c. 缓慢打开真空阀和进样阀，使清洗液/待测液体全部流入液体容器中；

d. 缓慢打开排液阀排除少量液体后立刻关闭排液阀（约 3 s），观察到待测液体均匀流出即可（目的是将排液管路中可能存在的气体排出，以免影响测试），必要时需要再从进液杯补加被测液体；

e. 关闭进样阀和真空阀，并且将进样杯的盖子盖上。

② 待恒温槽液晶显示屏上显示的实际温度到达所需温度时，先对试样进行"热平衡监测"，监测被测液体与传感器的温度，当温度波动小于±20 mK·(5 min)$^{-1}$时，结束温度监测。

③ 当热平衡监测完成后，点击"导热系数测量"，新增物质名与测量参数的具体操作步骤参考本书 7.3.2 节内容，对不同范围内的导热系数，推荐的采集条件如表 7-6 所示。完成设定后点击"测量"开始导热系数的测量。

④ 待一组数据测量完成后，点击"数据分析"，进入软件的数据分析窗口。数据分析与保存的步骤参考本书 7.3.2 节内容。

⑤ 本实验主要测量不同相变微胶囊含量的潜热型功能流体在不同温度下的导热系数，首先对某一样品进行不同温度下的测试，当测量完某一温度下的导热系数后，重新设定低温槽的温度，待达到所需温度时，重复步骤②～④，进行下一个温度点的导热系数的测量；待测

完某一样品所有温度点的数据后,打开排液阀,将样品从排液口排出,然后关闭排液阀,再重复步骤①~⑤,直至测完所有样品。

表 7-6 　　　　　　　　　　　　　　　TC3000L 推荐的测试条件

| 导热系数/(W·m⁻¹·K⁻¹) | 采集电压/V | 采集时间/s | 采集模式 |
|---|---|---|---|
| 0.005~0.100 | 0.8 | 2 | 正常 |
| 0.100~0.500 | 1.2 | 2 | 正常 |
| 0.500~1.00 | 2.2 | 1 | 正常 |

⑥ 实验完成后,保存完数据,再按照步骤(1)用清洗液将样品容器清洗 2~3 次清理掉测试容器中测试样品的残留。若样品的组成成分差别很大,那么每次换样前最好也要进行清洗,以减少样品残留带来的误差。最后依次关闭测试软件、计算机、TC3000L、样品容器和恒温水槽。

(3)测试结果与分析

潜热型功能流体的导热系数测试结果如图 7-19 所示。测试结果表明,潜热型功能流体在相变微胶囊的相变区间内(所采用的相变材料的相变温度为 32 ℃左右)的导热系数突然升高,主要是因为热线法是靠监测热线周围的温升来测量材料的导热系数,温升越小,导热系数越大。相变温度区间内,热线上的热量快速地被试样吸收作为潜热被存储起来,所以热线附近温升很小,因而分析得到的导热系数很大。流体在相变区间外的导热系数在相变发生前,其导热系数随着温度的升高而减小,主要是由于温度升高,物体的分子间无规则运动加剧,不利于导热。流体在相变区间外的导热系数在相变发生后,其导热系数随着温度的升高而升高,可能由于温度升高,相变微胶囊内外液体分子运动加剧,导致微胶囊无规则运动加剧,有利于热量的传导。同一温度下,基液的导热系数最高,相变材料的导热系数最小,随着相变材料质量分数的增加,功能性流体的导热系数也增加。

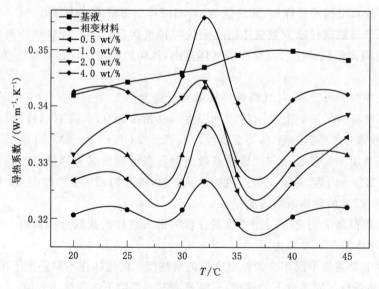

图 7-19　功能性流体的导热系数

# 第 8 章　热稳定性测试与分析

## 8.1　引言

　　热稳定性是相变储能材料热能存储过程中非常重要的热物性参数,同时也是决定相变储能材料是否能够进行大规模应用的重要因素之一。相变材料的热稳定性强则应用寿命长,反之则应用寿命短。因此,对相变储能材料热稳定性的测试是非常重要的热性能测试之一。

　　目前,常用来测试热稳定性的方法主要有两种:相变材料的热分解稳定性测试和热循环稳定性测试。本章主要针对上述两种热稳定测试的方法和原理进行介绍。本章主要围绕热稳定性测试的原理进行介绍,并通过具体的实验介绍相变储能材料的热稳定性测试过程和分析方法。

## 8.2　热稳定性测试方法与原理

　　在相变材料的热分解稳定性和热循环稳定性中主要用的到仪器分别为热重分析仪和差示扫描量热仪。由于差示扫描量热仪的测试原理在第六章已经进行了详细的介绍,这里仅对热重分析仪的测试原理和差示扫描量热仪测热循环稳定性的方法进行介绍。

### 8.2.1　热分解稳定性[88,89]

　　热重分析是在程序控制温度下测量物质的质量与温度或时间关系的仪器。通过热重曲线分析得出测试样品及其可能产生的中间产物的组成、热稳定性、热分解情况及生产产物等与质量相关联的信息。

　　热重分析通常可分为两类:动态法和静态法。

　　① 静态法:包括等压质量变化测定和等温质量变化测定。等压质量变化测定是指在程序控制温度下,测量物质在恒定挥发物分压下平衡质量与温度关系的一种方法。等温质量变化测定是指在恒温条件下测量物质质量与温度关系的一种方法。这种方法准确度高,但测试时间长。

　　② 动态法:就是常用的热重分析和微商热重分析。微商热重分析又称导数热重分析(Derivative Thermogravimetry,DTG),它是 TG 曲线对温度(或时间)的一阶导数。以物质的质量变化速率($dm/dt$)对温度 $T$(或时间 $t$)作图,即得 DTG 曲线。

　　热重分析仪的结构如图 8-1 所示,该仪器主要由天平、炉子、测温热电偶、程序控制系统和记录系统等部件构成。热重分析仪的主要原理是将天平和电路结合,通过程序控制使加热炉按照一定的升温速率进行升温(或保持温度恒定)。随着温度和时间的变化,当被测试样发生质量变化时,光电传感器能将质量变化转化为直流电信号。此信号经测重电子放大器放大并反馈至天平动圈,产生反向电磁力矩,驱使天平梁复位。反馈形成的电位差与质量变化成正比(即可转变为样品的质量变化)。其变化信息通过记录仪描绘出热重(TG)曲线。

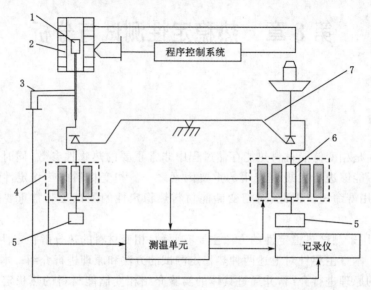

图 8-1　热重分析仪结构图[88,89]
1——试样支持器;2——炉子;3——测温热电偶;
4——传感器;5——平衡锤;6——阻尼和天平复位器;7——天平

在热稳定性测试过程中,影响热重法测定结果的因素有很多种,主要分为仪器因素、实验条件、参数的选择和试样的影响等,具体影响因素如下[90]:

① 升温速率。升温速率越大,产生的热滞后现象越严重,容易导致起始温度和终止温度偏高,使测量结果产生误差。

② 载气流量。在静态气氛下,由于试样周围的气体浓度增大,将阻止反应的继续,使反应速度反而减慢。为了获得重复性较好的实验结果,多数情况下都是做动态气氛下的热分析,它可以将反应生成的气体及时带走,有利于反应的顺利进行。

③ 温度测量的影响。解决方案:利用具特征分解温度的高纯化合物或具特征居里点温度的强磁性材料进行温度标定。

④ 浮力及对流的影响。浮力和对流引起热重曲线的基线漂移。热天平内外温差造成的对流会影响称量的精确度。

⑤ 气氛控制。与反应类型、分解产物的性质和所通气体的种类有关。

⑥ 试样因素。试样用量、粒度、热性质及装填方式等会影响热传导和挥发性产物的扩散。用量大,因吸、放热引起的温度偏差大,且不利于热扩散和热传递;粒度细,反应速率快,反应起始和终止温度降低,反应区间变窄;粒度粗则反应较慢,反应滞后;装填紧密,试样颗粒间接触好,利于热传导,但不利于扩散或气体。

因此,在进行热重测试时应选择适当的升温速率、平衡气流、载气流量,并且测试样品装填尽量薄而均匀使测量结果更加准确。

### 8.2.2 热循环稳定性

相变储能材料在应用过程中通过熔化和凝固过程实现热能的存储和释放。相变材料储热和放热循环次数越多,则相变材料的使用寿命就越长,反之使用寿命就越短。因此,对相变储能材料的热循环稳定性测试至关重要。

相变储能材料的热循环稳定性主要通过差示扫描量热仪进行测试。在测试过程中,通过差示扫描量热仪在一定的升温或降温速率下对相变储能材料进行加热和冷却循环,使相变储能材料不断地重复储热和放热过程,并且能够测得经过每次循环过程相变储能材料的相变温度和相变潜热。一般可测得数千次储热和放热过程后相变储能材料的热物性,从而得知相变储能材料热循环稳定性的强弱。

# 8.3 相变储能材料热稳定性测试实验与分析

本节主要针对复合相变材料和相变胶囊储能材料的热稳定性测试过程及结果分析进行介绍。

### 8.3.1 热分解稳定性测试实验与分析

#### 8.3.1.1 热分解稳定性测试过程

采用 Labsys Evo STA 型热分析仪对相变储能材料的热分解稳定性进行测试,该仪器的主要技术指标如下:

① 温度范围:室温~1 600 ℃(单炉体);

② 升降温速率:0.01~100 K · min⁻¹;

③ 天平最大称重量:20 g;

④ 天平量程:±1 000 mg;

⑤ 天平分辨率:0.02 μg;

⑥ 气氛:惰性、氧化、还原、静态、动态、真空;

⑦ 气路设计:3 路载气和 1 路反应辅助气,气体流量由质量流量控制器精确控制。

样品的热分解稳定性测试过程如下:

① 依次打开电脑、仪器冷却水及气瓶(出口压力不超过 0.2 MPa)。

② 打开计算机操作软件"Calisto-Data Acquisition",会自动弹出仪器数据实时监测图。如要进行 TG 实验,应确认天平处于解锁状态。

③ 样品称量:使用精度 0.01 mg 的天平进行样品称量。样品装填至不大于坩埚容积的三分之一处,如果信号响应不够,可适当增加样品量(增加样品量会相应降低信号分辨率)。

④ 打开炉体:按住炉体上升按钮,炉体上升过程中请不要间断性开启,让其连续升降。

⑤ 坩埚放置:将样品及参比坩埚置于 TG 传感器的坩埚位上,样品坩埚位于靠近操作者一端。通常参比坩埚为空(不装任何物质),且与样品坩埚规格和材质相同。在放置坩埚时注意尽量避免传感器晃动。

⑥ 关闭炉体:按住炉体下降按钮,降下加热炉直至升降机构自动停止。

⑦ 测试程序设置:输入实验名称、样品质量、需记录的温度、坩埚种类、惰性气体类型、升温速率、测试温度等参数。

⑧ 测试结束后保存实验数据,取出坩埚,关闭仪器,实验结束。

### 8.3.1.2 热分解稳定性测试结果分析

(1) 石蜡/高岭土混合相变材料的热分解稳定性测试实验与结果分析

石蜡/高岭土混合相变材料的热稳定性可以通过 TG 分析进行表征。主要用到的设备有热重分析仪(SETARAM 仪器有限公司,Labsys Evo),测试的温度范围为 30~500 ℃,升温速率为 20 ℃·min⁻¹,氮气流量为 40 mL·min⁻¹。高精度天平等。热重分析仪对石蜡/高岭土进行热重分析,电子天平进行精确称量。

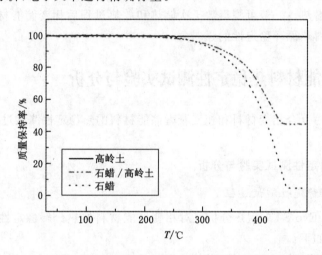

图 8-2 石蜡、高岭土和石蜡/高岭土混合相变材料的热重曲线

石蜡/高岭土混合相变材料的热稳定性是一个重要参数,对混合相变材料的推广应用具有重要意义,主要通过热重(TG)分析进行评估。石蜡/高岭土混合相变材料的热重曲线如图 8-2 所示。如图 8-2,高岭土在 30~500 ℃ 的温度范围内没有质量变化,主要原因是高岭土的主要成分是 $SiO_2$、金属氧化物等成分,在 500 ℃ 的范围内不存在熔化降解等情况。当温度在 30~250 ℃ 范围内时,石蜡也基本上没有质量变化,因为在该温度范围内,石蜡没有发生热降解。而当温度升到 450 ℃ 时,石蜡的质量百分数降为零,表明石蜡基本完全热降解,这与石蜡熔点以及热降解温度相对较低有关。石蜡/高岭土混合相变材料在 250 ℃ 之前无热降解现象,说明该混合相变材料的热稳定性性能较佳。当温度升至 450 ℃,石蜡/高岭土复合相变材料失重 50% 左右,主要热降解的材料为石蜡。

(2) 五水合硫代硫酸钠/聚苯乙烯相变微胶囊的热分解稳定性测试实验与结果分析

五水合硫代硫酸钠和五水合硫代硫酸钠/聚苯乙烯相变微胶囊的热稳定性测试温度范围为 25~300 ℃,升温速率为 10 ℃·min⁻¹,氮气氛围保护,氮气流量为 60 mL·min⁻¹。

采用 TG 对聚苯乙烯(PS)、五水合硫代硫酸钠(SoTP)和五水合硫代硫酸钠/聚苯乙烯相变微胶囊的热稳定性进行了测试,测试结果如图 8-3 所示。从图中可以看出,聚苯乙烯在测试温度范围内质量损失很少,说明聚苯乙烯的性能比较稳定。而五水合硫代硫酸钠在 50 ℃质量开始减少,说明芯材受热开始发生分解,芯材中的结晶水随着温度的升高逐渐析出并蒸发,当温度到达 160 ℃ 左右时,由于结晶水完全挥发,重量不再减少。而五水合硫代硫酸钠/聚苯乙烯相变微胶囊从室温至 110 ℃ 左右并没有发生质量损失,说明在这个温度范围内

热稳定性较好,这表明了壁材聚苯乙烯有效地防止了结晶水的蒸发。而当温度超过 110 ℃
左右之后,相变微胶囊也开始发生质量损失,说明由于温度过高,结晶水变成蒸汽,随着温度
升高蒸汽压逐渐增大导致壁材聚苯乙烯破裂,结晶水从相变微胶囊内蒸发造成质量损失。
但是相变微胶囊的相变温度在 49 ℃ 左右,实际应用温度通常低于 110 ℃,因此相变微胶囊
的热稳定性能够满足实际应用需求。

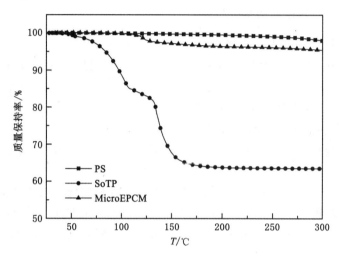

图 8-3　聚苯乙烯、五水合硫代硫酸钠和
五水合硫代硫酸钠/聚苯乙烯相变微胶囊的 TG 图

（3）五水合硫代硫酸钠/二氧化硅相变微胶囊的热分解稳定性测试实验与结果分析

采用 Labsys Evo 型 TG 对五水合硫代硫酸钠/二氧化硅相变微胶囊的热稳定性进行测试,
测试温度范围为 30～200 ℃,升温速率为 5 ℃·min$^{-1}$,氮气氛围,流量为 30 mL·min$^{-1}$。

热稳定性是热能储存材料非常重要的一项热物性能。采用 TG 对五水合硫代硫酸钠和
五水合硫代硫酸钠/二氧化硅相变微胶囊的热稳定性进行了测试,其 TG 图如图 8-4 所示。

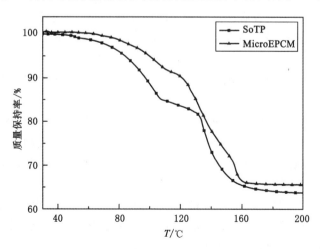

图 8-4　五水合硫代硫酸与五水合硫代硫酸钠
/二氧化硅相变微胶囊的热稳定性

从图中可以看出,随着温度的升高,五水合硫代硫酸的质量在不断减小,这是由于五水合硫代硫酸随着温度的升高,结晶水受热分解并蒸发到外界环境中。当温度达到100 ℃时,五水合硫代硫酸和相变微胶囊的质量损失分别为11.4%、5.03%。说明五水合硫代硫酸通过二氧化硅的包覆改善了自身的热稳定性。这是由于壁材二氧化硅在一定程度上防止了五水合硫代硫酸中结晶水的蒸发,从而对五水合硫代硫酸的热稳定性起到了增强的作用。

### 8.3.2 热循环稳定性测试实验与分析

#### 8.3.2.1 热循环稳定性测试过程

采用 Discovery DSC 25 型差示扫描量热仪对相变储能材料的热循环稳定性进行测试,该仪器的主要技术指标和具体的操作流程已经在第 6 章进行了介绍。这里仅对相变储能材料热循环稳定性测试的主要流程进行介绍。

对相变储能材料的热循环稳定相测试主要有以下流程:

① 对相变储能材料热循环之前采用 DSC 对其相变温度、相变潜热等储热特性进行测试。

② 通过对相变储能材料进行多次加热和冷却以实现相变材料的储热和放热循环。

③ 对储热和放热循环一定次数后的相变储能材料再采用 DSC 进行相变温度和相变潜热等性能的测试,并与热循环之前的数据进行对比,从而得知相变储能材料的热循环稳定性。

#### 8.3.2.2 热循环稳定性测试结果分析

(1) 五水合硫代硫酸钠/二氧化硅相变微胶囊的热循环稳定性测试实验与结果分析

通过 DSC 对五水合硫代硫酸与五水合硫代硫酸钠/二氧化硅相变微胶囊经过多次热循环后的热物性进行了测试,测试结果如图 8-5 所示。测量范围为 $-40 \sim 60$ ℃,升温和降温速率均为 2 ℃/min,样品重量为 $5 \sim 10$ mg,且用氮气氛围保护。

从测试结果得知,经过 10 次、50 次、100 次和 200 次的热循环之后五水合硫代硫酸(SoTP)的相变潜热均为 0。其原因是五水合硫代硫酸在第一次热循环后并没有发生结晶,因此经过多次热循环后仍然没有潜热。相变微胶囊在经过 10 次、50 次、100 次和 200 次的热循环之后,其相变潜热分别为 144.56 kJ/kg、139.64 kJ/kg、132.52 kJ/kg 和 123.99 kJ/kg,与热循环之前相比相变潜热分别降低了 3.51%、6.79%、11.55% 和 17.24%。潜热的降低可能是由于相变微胶囊在热循环过程中仍有部分五水合硫代硫酸的结晶水蒸发所引起的。

(2) 石蜡/碳材料混合相变材料的热循环稳定性测试实验与结果分析

通过 DSC 对石蜡与石蜡/碳材料混合相变材料分别经过 50 次和 100 次热循环后的热物性进行了测试,测试结果如图 8-6 所示。DSC 测试过程中升温速率为 10 ℃/min,氮气流量为 50 mL/min。

测试结果表明,当碳材料的添加含量为 2.5 wt% 时,经过 50 次热循环后石蜡/膨胀石墨(EG)、石蜡/多层石墨烯(MGN)、石蜡/炭粉(GP)和石蜡/多壁碳纳米管(MWCNT)混合相变材料的相变潜热与热循环之前相比分别降低了 0.45%、0.77%、0.81% 和 0.69%;当经过 100 次热循环后则相变潜热分别减少了 0.7%、1.31%、1.78% 和 2.18%。

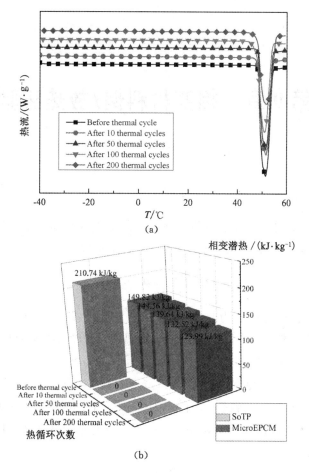

(a)

(b)

图 8-5　五水合硫代硫酸与五水合硫代硫酸钠/二氧化硅相变微胶囊 S3 的循环后的热性能
（a）五水合硫代硫酸钠/二氧化硅相变微胶囊多次循环后的 DSC 图；
（b）五水合硫代硫酸钠与五水合硫代硫酸钠/二氧化硅相变微胶囊多次循环后的相变潜热

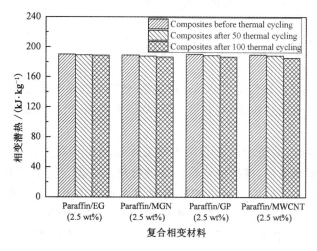

图 8-6　石蜡和石蜡/碳材料混合相变材料热循环后的相变潜热

# 第9章 相变材料储/放热实验

## 9.1 引言

相变材料在相变储能系统中主要以显热和潜热的方式存储热量。其中,显热为物质温度升高或降低时所吸收或释放的热量。在等压过程中,显热计算公式为:

$$Q_s = \int_V \int_{T_i}^{T_f} \rho C_p \mathrm{d}T \mathrm{d}V \tag{9-1}$$

式中,$Q_s$ 为物质的显热,J;$C_p$ 为物质的定压比热,J·kg$^{-1}$·K$^{-1}$;$\rho$ 为物质的密度,kg·m$^{-3}$;$V$ 为物质的体积,m$^3$;$T_f$ 为物质的最终温度,K;$T_i$ 为物质的起始温度,K。假设物质各处同性且其物性不随温度变化,则式(9-1)可简化为:

$$Q_s = \rho V C_p (T_f - T_i) = m C_p (T_f - T_i) \tag{9-2}$$

上式采用了定压比热容计算传热量,由于是定压过程,因此式(9-2)亦代表焓值变化量。

假设相变过程中的质量变化率为 $\dot{m}$(kg·s$^{-1}$),且物质潜热为 $h_{sl}$(J·kg$^{-1}$),则物质相变过程所吸收/释放热量为:

$$Q_l = \dot{m} h_{sl} \tag{9-3}$$

根据式(9-1)至式(9-3)可知,除了相变材料导热系数、潜热、比热和密度等热物性测试外,对相变材料进行储热/放热测试是衡量相变材料储放热速率、储能密度等综合性能的重要实验,是相变材料用于相变储能的重要判断依据。

## 9.2 储/放热性能测试方法及实验仪器

相变储能材料的储/放热性能主要通过搭建储/放热实验系统进行测试,储/放热实验系统如图 9-1 所示,主要有储热模块、数据采集器、高温恒温箱、低温恒温箱、计算机、流量计、阀门和泵等组成。

当进行储热实验时,系统中的离心泵为高温恒温箱中的载热流体(水)提供动力,使载热流体在系统中不断循环,持续给储热模块进行热量交换。流量计和阀门用来控制循环载热流体流量的大小。恒温水浴锅和低温恒温水槽为该系统提供恒定温度的高温和低温载热流体。数据采集器用来采集储热模块中相变储能材料在不同时间下的温度。当进行放热实验时,只需将载热流体的来源从高温恒温箱切换到低温恒温箱,其他程序按照储热过程即可。

储放热实验中,最主要的实验数据是利用热电偶等测温设备获得样品的温度,并获得其

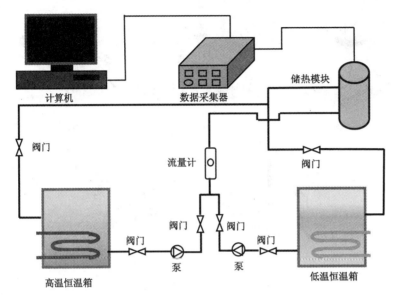

图 9-1　相变储能材料储/放热实验系统

储放热效率。为获得热电偶测点的温度值,需采用数据采集器(Data Acquisition)读取和记录测点温度。因此,本小节以 Agilent34970A 型号数据采集器(图 9-2)为例,介绍其基本性能及操作步骤。

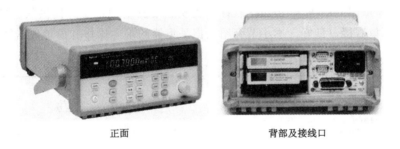

正面　　　　　　　　　　　背部及接线口

图 9-2　Agilent34970A 数据采集器

### 9.2.1　Agilent34970A 数据采集器

仪器支持热电偶、热电阻和热敏电阻的直接测量,具体包括如下类型:

热电偶:B、E、J、K、N、R 和 T 型,并可进行外部或固定参考温度冷端补偿。

热电阻:$R_0 = 49\ \Omega$ 至 2.1 kΩ,$\alpha = 0.000\ 385$(NID/IEC751)或 $\alpha = 0.000\ 391$ 的所有热电阻,准确度 0.06 K,温度系数 0.003 K。

热敏电阻:2.2 kΩ、5 kΩ、10 kΩ 型,准确度 0.08 K,温度系数 0.003 K。

### 9.2.2　数据采集器安装步骤

数据采集器是与热电偶、热敏电阻等测温元件结合使用,需先将热电偶等与数据采集卡连接,再嵌入数据采集器中,其具体操作步骤如图 9-3 所示。其中步骤(b)中热电偶等接线方法根据测温元件不同所采用的接线不同,但连接方法相同。

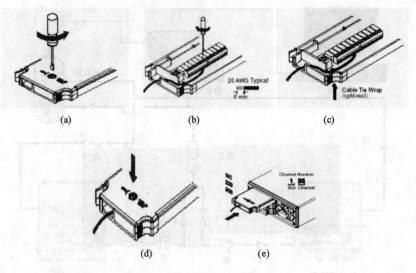

图 9-3　数据采集卡安装步骤

（a）将螺丝刀拧开盖板螺丝；（b）将引线接到规定通道的接线端；
（c）将引线沿槽绕出到出孔处；（d）重新盖好盖板并拧紧螺丝；
（e）将采集卡插入数据采集仪背部的槽中

### 9.2.3　数据采集软件使用说明

　　Agilent BenchLink Data Logger 软件是实现温度测量和记录并提供数据处理的软件，与多种数据采集器接口良好。本小节介绍数据采集器的基本操作和简单数据处理，其中，软件主界面如图 9-4 所示。

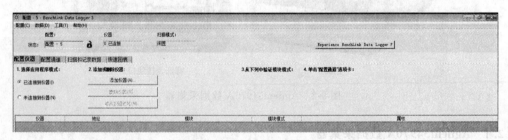

图 9-4　Agilent BenchLink Data Logger 软件主界面

　　（1）配置数据采集卡

　　软件可通过 USB 接口与数据采集器进行连接。但由于软件不能自行分辨所使用的测温元件类型，需先配置数据采集卡。在菜单栏中先选择"配置"，然后选择"新建"，即出现图 9-5 的配置命名对话框。

　　输入合适的配置名后，选择"配置仪器"选项卡下的"添加仪器"，出现添加仪器对话框，点击"查找"后，即可显示与电脑相连的采集卡，如图 9-6 所示。选中需要的选项卡，并点选连接，即出现图 9-7 所示采集卡属性。

　　若需删除已有仪器，则选择"删除仪器"，出现图 9-8 所示删除仪器对话框，勾选需删除仪器，并点击"确定"即可删除对应仪器。

图 9-5　配置命名对话框

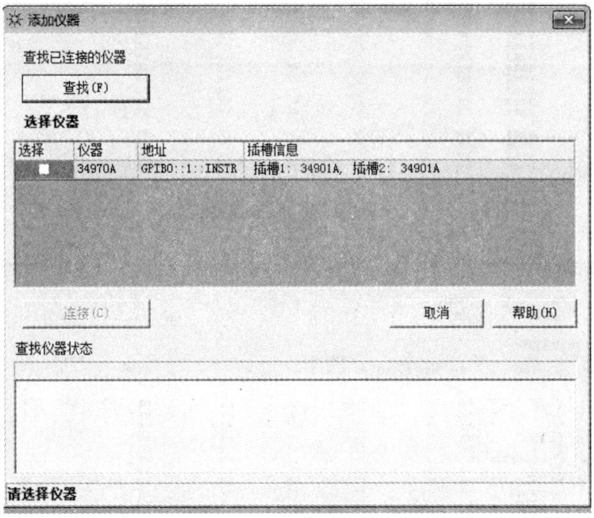

图 9-6　添加仪器对话框

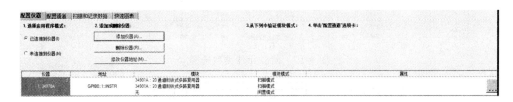

图 9-7　仪器属性

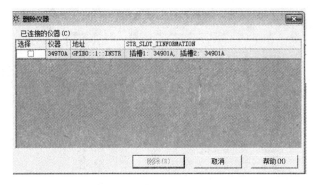

图 9-8　删除仪器对话框

在"配置通道"选项卡中可对采集器的属性进行设定,如图9-9所示,其中,扫描列下可勾选需要测量温度的通道号。在功能列下,可选择所需要的测量元件类型,如图9-10所示。

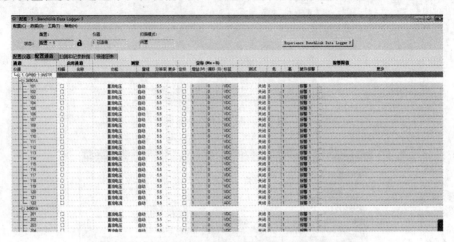

图9-9　配置通道界面

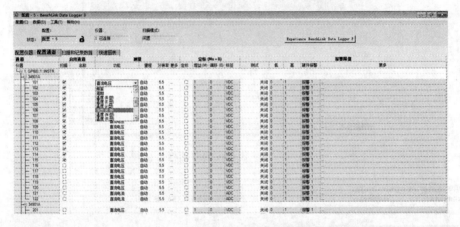

图9-10　测温元件类型选择

其中,分辨率中可选择温度显示所使用单位,如图9-11所示。

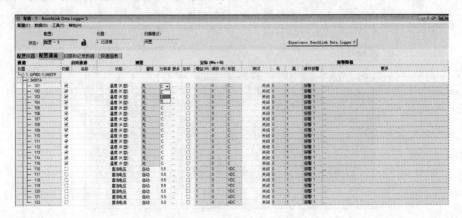

图9-11　分辨率选择界面

（2）实验测量

在对采集卡配置正确后，即可对温度进行测量，其测量界面如图 9-12 所示。在测量前，需对扫描间隔、扫描时间等进行设定。

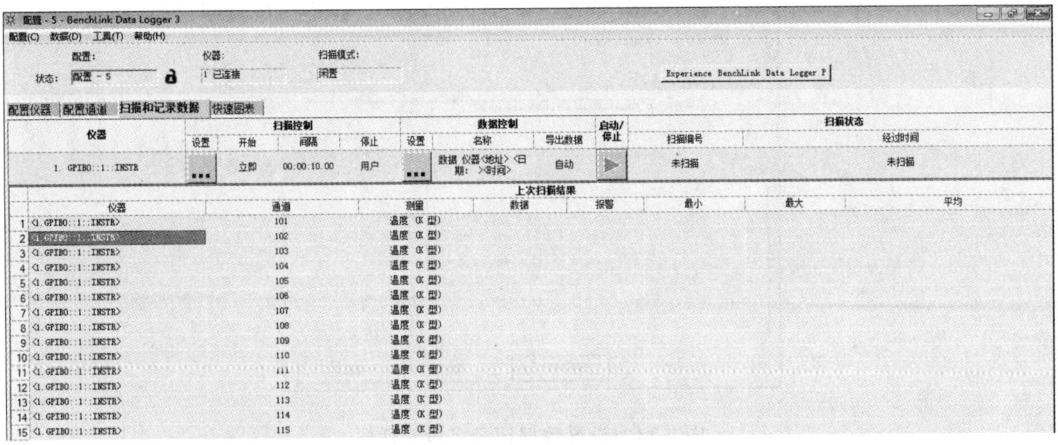

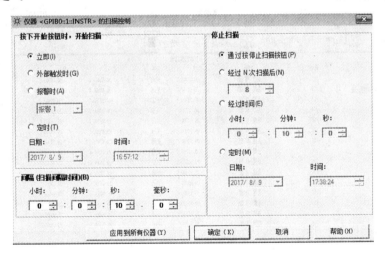

图 9-12　扫描和记录数据界面

选择"扫描控制"列下的设置按钮，出现如图 9-13 所示的扫描控制对话框。此界面下可设置扫描的开始条件、停止条件和扫描间隔，具备定时功能和循环功能。在确定扫描条件后，点击"确定"。

图 9-13　扫描控制界面

Agilent BenchLink Data Logger 软件中可设置扫描数据的存储位置。选择"数据控制"列下的设置，出现图 9-14 对话框。此对话框中可设置数据的模板和输出文件路径，设置后点击"确定"。

当测试开始时，点击"启动/停止 "按钮，软件先从采集卡中下载数据，并开始记录，实时显示各测点的温度值以及测量过程的最大值、最小值和平均值等数据，如图 9-15 所示。

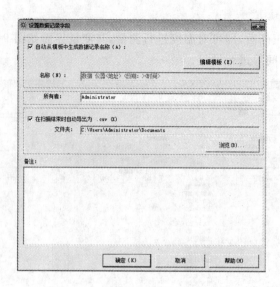

图 9-14　设置数据记录字段对话框

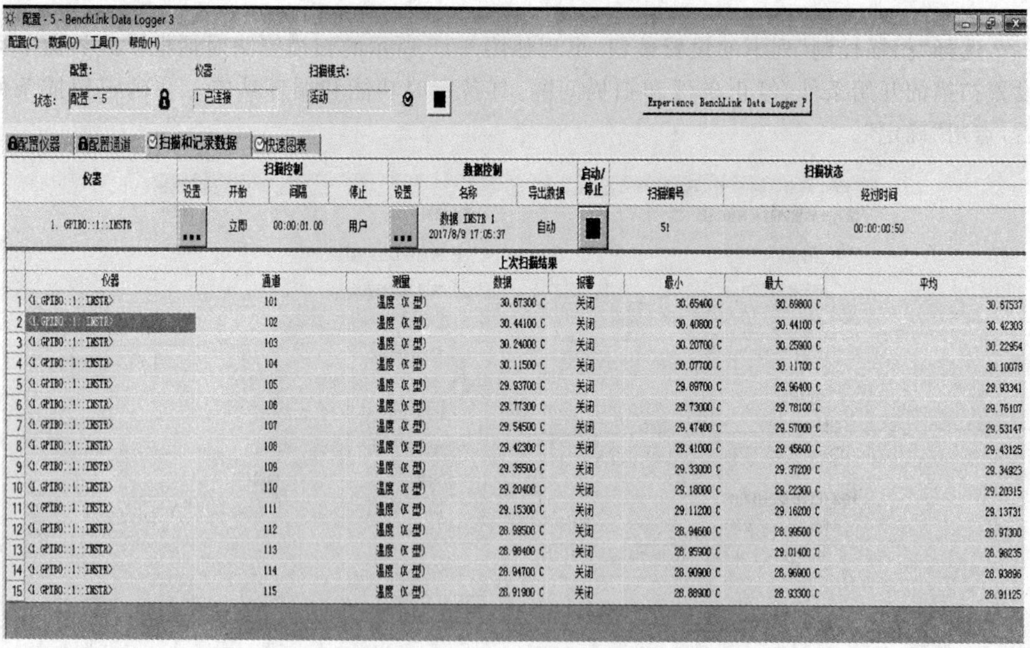

图 9-15　温度测量

（3）数据处理

利用 Agilent BenchLink Data Logger 软件，可在测量过程中实时监测温度值，并生成温度—时间曲线图。选择"快速图表"选项卡，出现如图 9-16 的图表界面。此界面下，可直观得到各测点温度随时间的变化过程，并可调节其显示范围、显示通道等。点击图表选项下"通道"按钮，出现图 9-17 对话框。在此对话框中，通过勾选通道即可在图表界面中显示对应通道的温度变化曲线。

图 9-16 中可通过修改 X 轴定标,修改横坐标(时间)的间隔,其效果如图 9-18 所示。

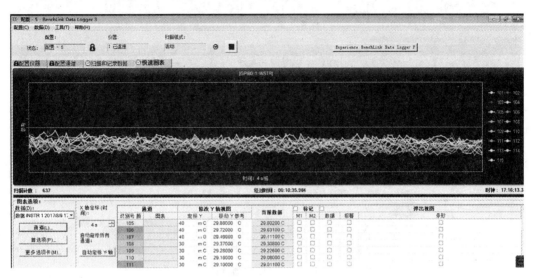

图 9-16　快速图表界面

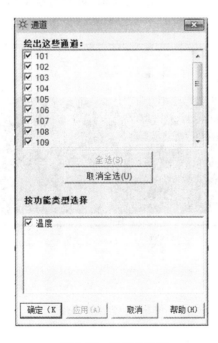

图 9-17　通道对话框

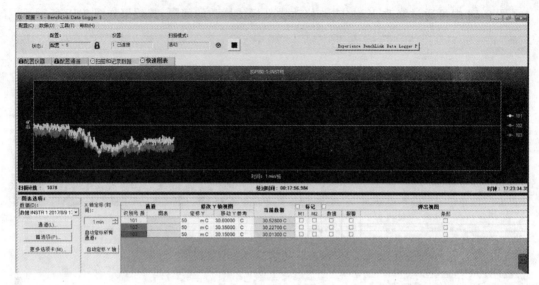

图 9-18　时间间隔修改

同理，通过修改 Y 轴（温度）的间隔和参考值，可调整单位标度内温度的范围，如图 9-19 所示。

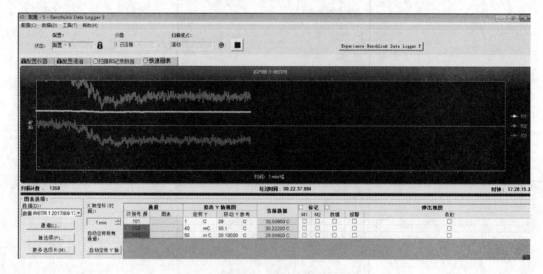

图 9-19　温度轴修改

（4）数据输出

在实验测量结束后，点击"　"按钮即可停止测量，在弹出的确认对话框中选择"是"后，系统结束扫描，并自动弹出数据导出对话框，如图 9-20 所示。由于在图 9-14 中已设置自动保存路径，可至其目录下复制数据。除此之外，亦可再次导出数据，点击"导出数据"，出现图 9-21 对话框。在导出数据对话框中，可设置导出数据的开始结束时间、格式、通道等来进行数据的自动保存。

图 9-20　数据输出对话框　　　　　　　图 9-21　导出数据对话框

# 9.3　相变储能材料储/放热实验与结果分析

本小节以石蜡和石蜡/密胺树脂相变微胶囊两种相变储能材料为例,介绍其储/放热实验过程和结果分析方法。

## 9.3.1　石蜡相变储能材料的储/放热测试实验与分析

通过对石蜡进行加热与放热,得到石蜡的储热曲线与放热曲线,了解石蜡在储热与放热过程中温度变化。

石蜡的储/放热实验装置如图 9-22(a)所示。主要包括热存储单元、低温恒温水浴、高温恒温水浴、K 型热电偶、数据采集器、电脑。

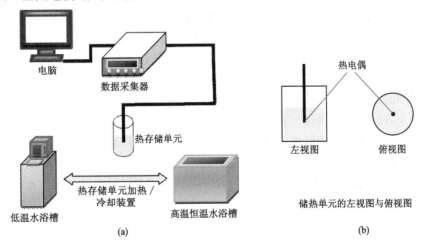

图 9-22　石蜡储/放热实验装置示意图

石蜡的储/放热实验过程如下：

① 将石蜡放入储热容器,如果石蜡为固体颗粒,需要先将其放入高温水浴中加热熔化,然后将热电偶插入装有液体石蜡的容器中,插入热电偶时避免让热电偶接触到容器壁面,尽量将热电偶插入石蜡的正中间,如图 9-22(b)所示。

② 按照图 9-22(a)的实验装置图布置试验台,打开数据采集器和电脑,并将数据采集器采集时间设定为每 1 秒钟记录一次。

③ 将插入热电偶的液体石蜡容器放入 25 ℃的低温恒温水浴,使石蜡完全凝固,期间要保持热电偶的位置始终处于石蜡的正中间。观察恒温水浴的温度与电脑显示的热电偶温度的差异,当两者温度相同后,恒温 30 min。

④ 高温恒温水浴温度控制在 80 ℃。然后将装有石蜡的容器放置到高温恒温水浴中,并记录其数据,热电偶测得数据与高温恒温水浴的温度相同或稳定后完成储热实验。

⑤ 再将石蜡的容器放置 25 ℃低温恒温水浴,记录其数据,直至热电偶测得的数据与低温恒温水浴温度相同或稳定后完成放热实验。

⑥ 实验完成后,关闭实验仪器及电脑,整理实验台,处理实验数据。

图 9-23 为石蜡的储/放热温度变化曲线图。其中图 9-23(a)为储热过程的温度变化曲线,图 9-23(b)为放热过程的温度变化曲线。整个实验中,热电偶测得的温度均为热电偶周围石蜡的温度。从图 9-23(a)中可明显得知石蜡吸热过程中其温度出现了梯级变化。在Ⅰ区域热电偶测得的石蜡温度出现了阶梯形变化。原因是本实验的热电偶安置在石蜡正中心,石蜡从外围加热,加热前石蜡处于凝固且内外温度一致的低温状态。石蜡自身导热性能较低,热量从外围传入内部需要一定的时间,在热量传递到热电偶周围石蜡之前,热电偶测得的温度始终为石蜡的初始温度,即对应Ⅰ区域平台段。由热力学第二定律得热量是从高温物体向低温物体传递。在石蜡吸收热量的整个过程中,石蜡内部的温度分布是外高内低。热量一旦传递到热电偶周围的石蜡,其温度即刻上升,就出现了Ⅰ区域的上升曲线,吸收的热量主要储存形式为显热。

从图 9-23(a)中Ⅱ区域可发现,热电偶测得的温度整体呈上升趋势,但其上升速率逐渐减小。此温度变化趋势是因其发生了相变而产生的。在本实验中热量从外向内传递,温度外高内低,整个吸热过程中,石蜡从外向内逐渐熔化。在此期间,虽然热量一直不断从外向内传递,但由于石蜡熔化过程中自身温度基本保持不变,内部石蜡与正处于熔化状态的石蜡之间温差较小,传递的热量少,内部温度上升较慢。随着吸热时间的增长,内部石蜡热量逐渐积累,其温度升高,正处于熔化状态的石蜡与内部石蜡之间温度差减小,热量传递较慢,直到热电偶周围的石蜡熔化。这是为什么随着时间的积累,温度上升的速率越来越慢的原因。在此期间整个石蜡吸收的热量储存形式有显热与潜热,以潜热储存为主。

当中心石蜡也达到相变温度,开始相变熔化,石蜡继续吸热,温度将继续上升,热电偶周围石蜡完全熔化后,吸收的热量将全部以显热的形式储存,其温度也将以类线性增长,直至石蜡内外温度一致,没有明显的热量传递,即图 9-23(a)中Ⅲ区域曲线所示。在此区域,整体石蜡的储热形式主要为显热。

图 9-23(b)为放热过程的温度变化曲线。本实验的冷源在石蜡的外围。即石蜡是从外向内冷却,热量从内向外释放。图 9-23(b)Ⅰ区域中平台段是热稳定段,到 126 s 时开始放热实验。从图 9-23(b)中Ⅰ区域可知开始放热后,由于石蜡与冷水浴的温差大,传热快,石

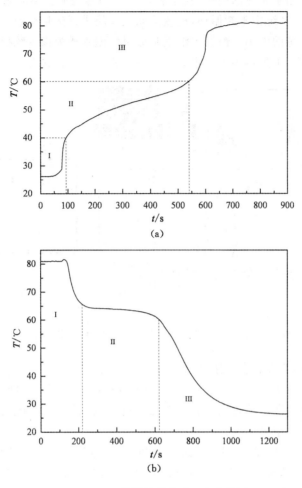

图 9-23　石蜡储放热实验温度曲线图

(a) 吸热实验；(b) 放热实验

蜡温度迅速降低。当温度降到接近石蜡的相变温度时，则开始释放潜热。释放潜热期间，石蜡自身温度变化较小，如图 9-23(b)中Ⅱ区域所示。当石蜡的潜热全部释放后，由于此时石蜡相变温度与低温水浴的温差仍然较大，石蜡将继续释放热量，使石蜡的温度继续降低，从而使石蜡与水浴温差逐渐减小，传热逐渐变慢，直至石蜡达到低温水浴的温度，如图 9-23(b)中Ⅲ区域所示，在此区域石蜡所释放的热量为显热。

### 9.3.2　石蜡/密胺树脂相变微胶囊储/放热测试实验与分析

通过对石蜡/密胺树脂相变微胶囊进行加热与放热，得到石蜡/密胺树脂相变微胶囊的储热曲线与放热曲线，研究石蜡/密胺树脂相变微胶囊在储热与放热过程中温度变化及热能储存特性。该储/放热系统如图 9-24 所示，主要包括恒温水浴锅、低温恒温水槽、离心泵、数据采集器、K 型热电偶、流量计、阀门、铜管和储热模块等部件。其中储热模块是该实验系统中重要的组成部分，该模块是由蛇形换热铜管(内径为 3 mm，厚度为 2 mm，总长为 120 mm)、储热壳体(材质为亚克力板，厚度为 4 mm，内部尺寸为 70 mm×30 mm×20 mm)、相变储能材料、绝热棉(用于壳体的绝热,其厚度为 5 mm)等构成。离心泵为载热流体(水)提供动力,使载热流体在系统中不断循环,持续给储热模块进行热量交换。流量计和阀门用来控制循环载热流体流量的大小。恒温水浴锅和低温恒温水槽为该系统提供恒定温度的高温和低温载热流体。数据采集器用来采集储热模块中相变储能材料在不同时间下的温度。

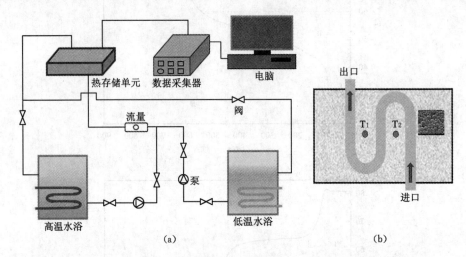

图 9-24　石蜡/密胺树脂相变微胶囊的储/释热实验系统图

石蜡/密胺树脂相变微胶囊的储/放热实验过程如下:

① 按照图 9-24(b)所示填装石蜡/密胺树脂相变微胶囊,布置热电偶。

② 按照图 9-24(a)所示装置图搭建试验台。打开数据采集器和电脑;将数据采集器采集时间设置为每 1 秒钟记录一次。

③ 打开高温水浴的泵、阀、流量计,进行加热实验,且期间高温水浴的水温为 55 ℃,保持恒定,通向储热单元的流量为 70 mL·min⁻¹,当储热单元中相变微胶囊的温度升高直至稳定之后,储热过程结束。

④ 关闭高温水浴的泵与阀门,打开低温水浴的泵与阀,且期间低温水浴的水温为 15 ℃,保持恒定,通向储热单元的流量为 70 mL·min⁻¹,进行放热实验,待储热单元中相变微胶囊的温度降低直至稳定之后,放热过程结束。

⑤ 实验完成后,关闭实验仪器及电脑,处理实验数据。

石蜡/密胺树脂相变微胶囊的储/放热温度变化曲线如图 9-25 所示,图中所示的温度为T1 和 T2 测量值的平均温度。其中图 9-25(a)为相变微胶囊储热过程的温度变化曲线,图9-25(b)为相变微胶囊放热过程的温度变化曲线。从图 9-25(a)可得,石蜡/密胺树脂微胶囊储热过程中,主要分为Ⅰ、Ⅱ、Ⅲ三个阶段。由热力学第二定律可知热量是从高温物体向低温物体传递。热量是由换热管向周围的石蜡/密胺树脂相变微胶囊传递。其温度分布也是靠近换热管附近的相变微胶囊较高,远离换热管的相变微胶囊的温度较低。在Ⅰ区域,热电偶测得的平均温度曲线呈上升趋势,且上升速率较快,是因为Ⅰ阶段为加热的初始阶段,石蜡/密胺树脂相变微胶囊与热流体之间的温度差较大,所以传热速率快。在此阶段,石蜡/密胺树脂相变微胶囊吸收的热量主要以显热的形式储存。随着时间的积累,石蜡/密胺树脂相变微胶囊的温度逐渐上升,逐渐接近其相变温度。

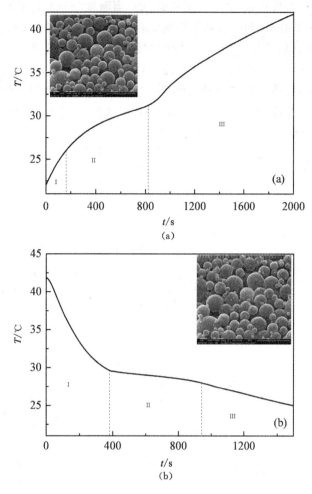

图 9-25　石蜡/密胺树脂储放热实验温度曲线图
(a) 吸热实验；(b) 放热实验

从图 9-25(a)中 Ⅱ 区域可发现，热电偶测得的平均温度整体呈上升趋势，但其上升速率逐渐减小。此温度变化趋势是因其发生了相变过程产生的。在本实验中热量从换热管附近的石蜡/密胺树脂相变微胶囊向热电偶周围的石蜡/密胺树脂相变微胶囊传递，整个储热过程中，从换热管至热电偶位置的石蜡/密胺树脂相变微胶囊逐渐发生相变，在相变过程中相变微胶囊的温度上升较慢，直至完全发生相变。这是为什么随着时间的积累，温度上升的速率越来越慢的原因。在此期间整个石蜡/密胺树脂相变微胶囊吸收的热量储存形式有显热与潜热，以潜热储存为主。

当热电偶附近的石蜡/密胺树脂相变微胶囊全部发生相变之后，相变微胶囊吸收的热量将全部以显热的形式储存，其温度也将以类线性增长，即图 9-25(a)中 Ⅲ 区域曲线所示。在此区域，石蜡/密胺树脂相变微胶囊的储热形式主要为显热。

图 9-25(b)为石蜡/密胺树脂相变微胶囊放热过程的温度变化曲线。在放热过程中，热量的传递方向与储热时的热量传递方向相反。石蜡/密胺树脂相变微胶囊的放热过程主要分为 Ⅰ、Ⅱ、Ⅲ 三个阶段。从图 9-25(b) Ⅰ 区域可知，在放热初始阶段，因石蜡/密胺树脂微

胶囊与冷流体的温差大,传热快,其温度迅速降低。当温度降到接近石蜡/密胺树脂相变微胶囊的相变温度时开始释放潜热,释放潜热期间石蜡/密胺树脂相变微胶囊自身的温度变化较小,如图 9-25(b) Ⅱ区域所示。当石蜡/密胺树脂相变微胶囊的潜热全部释放后,由于此时石蜡/密胺树脂相变微胶囊的相变温度与冷流体的温差仍然较大,石蜡/密胺树脂相变微胶囊将继续释放热量,致使石蜡/密胺树脂相变微胶囊的温度降低,从而使相变微胶囊与冷流体温差逐渐减小,传热逐渐变慢,如图 9-25(b) Ⅲ区域所示,在此区域石蜡/密胺树脂微胶囊所释放的热量为显热。

# 第 10 章 相变材料固液相变的数值模拟

## 10.1 引言

相变材料固液相变实验的工作量大,实验操作复杂,对材料纯度要求高,实验数据受客观条件的影响较大。而采用数值模拟的方法,只需在计算机上进行模拟和数据处理,可以快速得到结果,并且可以施加实验达不到的条件。本章通过一个相变材料储热过程的计算机模拟实验,使读者对 CFD 中固液相变的数值模拟有一个初步的了解。

## 10.2 固液相变基本模型

本章中使用的相变材料为石蜡,在数值模拟中,提出如下假设:

① 石蜡是纯物质,具有单一的密度和相变温度;

② 石蜡的导热系数为常数;

③ 液态石蜡为不可压缩流体,层流流动;

④ 满足 Boussinesq 假设,即密度的变化只体现在浮力项中,且满足:

$$\rho'_{\text{paraffin}} = \rho_{\text{ref}}\left[1 - \alpha(T_{\text{paraffin}} - T_{\text{ref}})\right] \tag{10-1}$$

式中,$\rho'_{\text{paraffin}}$ 为石蜡在浮力项中的密度,$\text{kg} \cdot \text{m}^{-3}$;$\rho_{\text{ref}}$ 为参考密度,$\text{kg} \cdot \text{m}^{-3}$;$\alpha$ 为热膨胀系数,$\text{K}^{-1}$;$T_{\text{paraffin}}$ 为石蜡在任意时刻的温度,K;$T_{\text{ref}}$ 为参考温度,K。

本章中使用焓法,控制方程如下:

① 连续方程:

$$\frac{\partial \rho}{\partial t} + \frac{\partial(\rho u)}{\partial x} + \frac{\partial(\rho v)}{\partial y} = 0 \tag{10-2}$$

② 动量方程:

$x$ 方向:

$$\rho\left[\frac{\partial u}{\partial t} + u\frac{\partial u}{\partial x} + v\frac{\partial u}{\partial y}\right] = u\left[\frac{\partial^2 u}{\partial x^2} + \frac{\partial^2 u}{\partial y^2}\right] - \frac{\partial p}{\partial x} + S_u \tag{10-3}$$

$y$ 方向:

$$\rho\left[\frac{\partial v}{\partial t} + u\frac{\partial v}{\partial x} + v\frac{\partial v}{\partial y}\right] = v\left[\frac{\partial^2 v}{\partial x^2} + \frac{\partial^2 v}{\partial y^2}\right] - \frac{\partial p}{\partial y} + S_v \tag{10-4}$$

$$S_u = \frac{(1-\beta)^2}{(\beta^3 + \varepsilon)}A_{\text{mush}}u \tag{10-5}$$

$$S_v = \frac{(1-\beta)^2}{(\beta^3 + \varepsilon)}A_{\text{mush}}v + \rho_{\text{ref}}g\alpha(T - T_{\text{ref}}) \tag{10-6}$$

式中,$u$ 为 $x$ 方向速度,$\text{m} \cdot \text{s}^{-1}$;$v$ 为 $y$ 方向速度,$\text{m} \cdot \text{s}^{-1}$;$A_{\text{mush}}$ 是糊状区域的连续数(一般值在 $10^4 \sim 10^7$);$\beta$ 为液相率;$\varepsilon$ 是小于 0.000 1 的数,防止被零除;$t$ 是时间,s。

③ 能量方程：

$$\rho\left(\frac{\partial H}{\partial t}+u\frac{\partial H}{\partial x}+v\frac{\partial H}{\partial y}\right)=\frac{k}{c_{\mathrm{p}}}\left(\frac{\partial^2 H}{\partial x^2}+\frac{\partial^2 H}{\partial y^2}\right)+S_{\mathrm{h}} \tag{10-7}$$

$$S_{\mathrm{h}}=\frac{\rho}{c_{\mathrm{p}}}\frac{\partial(\Delta H)}{\partial t} \tag{10-8}$$

$$H=h+\Delta H \tag{10-9}$$

$$h=h_{\mathrm{ref}}+\int_{T_{\mathrm{ref}}}^{T}c_{\mathrm{p}}\mathrm{d}T \tag{10-10}$$

$$\Delta H=\beta L \tag{10-11}$$

$$\beta=\begin{cases}0 & (T<T_{\mathrm{S}}) \\ \dfrac{T-T_{\mathrm{S}}}{T_{\mathrm{L}}-T_{\mathrm{S}}} & (T_{\mathrm{S}}<T<T_{\mathrm{L}}) \\ 1 & (T>T_{\mathrm{L}})\end{cases} \tag{10-12}$$

式中，$H$ 是任意时刻的比焓，$\mathrm{J\cdot kg^{-1}}$；$c_{\mathrm{p}}$ 是定压比热，$\mathrm{J\cdot kg^{-1}\cdot K^{-1}}$；$\Delta H$ 是潜焓，$\mathrm{J\cdot kg^{-1}}$；$h$ 是显热比焓，$\mathrm{J\cdot kg^{-1}}$；$h_{\mathrm{ref}}$ 是基准比焓，即初始焓值，$\mathrm{J\cdot kg^{-1}}$；$L$ 是相变潜热，$\mathrm{J\cdot kg^{-1}}$；$T_{\mathrm{S}}$ 是相变起始点温度，即固相温度，$\mathrm{K}$；$T_{\mathrm{L}}$ 是相变终点温度，即液相温度，$\mathrm{K}$。

## 10.3　计算机模拟实例

图 10-1 是一个长 1 cm、宽 1 cm 的正方形方腔，方腔中填充相变材料（PCM）。方腔的左侧、右侧和上侧的三个壁面均为绝热面，下壁面保持恒温为 330 K。相变材料的具体参数如表 10-1 所示。通过模拟，可以得到方腔内相变材料在相变过程中的温度场、速度场等结果。

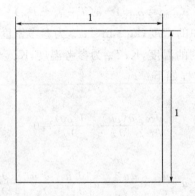

图 10-1　方腔模型

**表 10-1**　　　　　　　　　　　　　相变材料的具体参数

| 物性参数 | 石 蜡 |
| --- | --- |
| 密度/$(\mathrm{kg\cdot m^{-3}})$ | 890 |
| 比热容/$(\mathrm{J\cdot kg^{-1}\cdot K^{-1}})$ | 1 770 |
| 导热系数/$(\mathrm{W\cdot m^{-1}\cdot K^{-1}})$ | 0.2 |

| 物性参数 | 石　蜡 |
|---|---|
| 固相温度/K | 315.15 |
| 液相温度/K | 315.15 |
| 熔化潜热/$(J \cdot kg^{-1})$ | 190000 |
| 动力黏度/$(kg \cdot m^{-1} \cdot s^{-1})$ | 0.001 |
| 热膨胀系数/$(K^{-1})$ | 0.00085 |

# 10.4　启动 ICEM CFD 并建立分析项目

建立分析项目主要有建立几何模型、网格划分和网格输出三部分。

## 10.4.1　建立几何模型

建立几何模型的具体过程如下：

① 双击桌面上的 ICEM CFD 15.0 图标，进入 ICEM CFD 15.0 主界面。

② 单击功能区内 Geometry 选项卡中的 按钮，弹出如图 10-2 所示的 Create Point 面板，单击 按钮，在 XYZ 中分别输入四个点的坐标(0,0,0)、(1,0,0)、(0,1,0)、(1,1,0)，每输入一个坐标，单击一次 Apply 按钮。单击 OK 确认，四个点创建完成。

③ 单击功能区内 Geometry 选项卡中的 按钮，弹出如图 10-3 所示的 Create/Modify Point 面板，单击 按钮。依次选中两个点，按确认键，即将正方形的四个顶点连成四条边线。

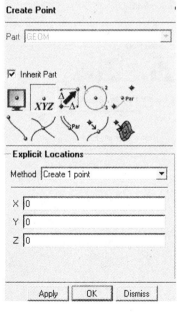

图 10-2　创建点面板

图 10-3　创建线面板

④ 单击功能区内 Geometry 选项卡中的 按钮，弹出如图 10-4 所示的 Create/Modify Surface 面板，单击 按钮，依次选择正方形的四条边线，按确认键，即生成面，如图 10-5 所示。

图 10-4  创建面面板          图 10-5  创建的方腔模型

⑤ 在操作控制树中，右键单击 Parts 弹出如图 10-6 所示的目录树，单击 Create Part 弹出如图 10-7 所示的 Create Part 面板。Part 填入 top，单击 选择正方形上方边界，单击确认键。同样的，分别选择正方形的左边、右边和底面边界，依次命名与 left、right 和 bottom。

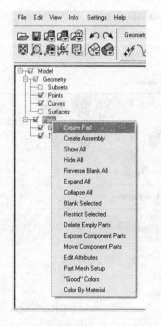

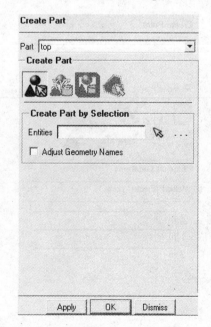

图 10-6  选择创建 Part 目录树          图 10-7  创建 Create Part 面板

### 10.4.2　网格划分

网格划分的具体过程如下：

① 单击功能区 Blocking 选项卡中的按钮，弹出如图 10-8 所示的 Create Block 面板，单击按钮，Part 命名为 PCM，TYPE 选择 2D Planar，单击 Apply，创建如图 10-9 所示的块。

图 10-8　创建块面　　　　　　　　　　　图 10-9　生成的块

② 单击功能区 Blocking 选项卡中的按钮，弹出如图 10-10 所示的 Blocking Associations 面板，单击按钮。选择其中一条边，按确认键，保持鼠标不动，再次选择，按确认键，完成关联。重复以上步骤，完成其他三条边的关联。

③ 单击功能区 Mesh 选项卡中的按钮，弹出如图 10-11 所示的 Global Mesh Setup 面板，在 Max element 对话框中输入 0.01，单击 Apply 确认。

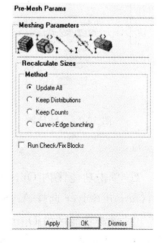

图 10-10　块关联面板　　　图 10-11　设置全局网格参数　　　图 10-12　预生成网格

④ 单击功能区 Blocking 选项卡中的 ■ 按钮，弹出如图 10-12 所示的 Pre-mesh Params 面板，单击 ■ 按钮，勾选 Method 下面的 Update all，单击 Apply 确认。

⑤ 单击功能区 Blocking 选项卡中的 ■ 按钮，弹出如图 10-12 所示的 Pre-mesh Quality 面板，设置 Min-X value 为 0、Max-X value 为 1 并且设置 Max-Y height 为 20，单击 Apply 确认。在信息栏中显示网格质量信息如图 10-13 所示。

### 10.4.3 网格输出

网格输出具体过程如下：

① 在操作控制树中，右键单击 Blocking 中的 Pre-Mesh 弹出如图 10-14 所示的目录树，选择 Convert to Unstruct Mesh，生成网格如图 10-15 所示。

图 10-13 检查网格面板

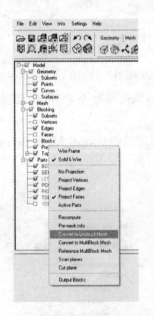

图 10-14 目录树

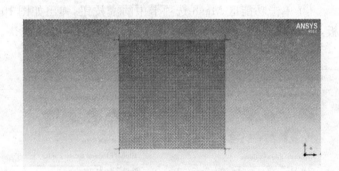

图 10-15 生成的网格

② 单击功能区内 Output 选项卡中的 ■ 按钮，弹出如图 10-16 所示的 Solver Setup 面板，Output Solver 选择 ANSYS Fluent，单击 Apply 确认。

③ 单击功能区内 Output 选项卡中的 ■ 按钮，弹出打开网格文件对话框，选择文件，单击打开弹出如图 10-17 所示的 ANSYS Fluent 对话框，Grid dimension 选择 2D，单击 Done 确认完成。

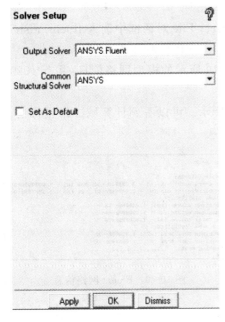

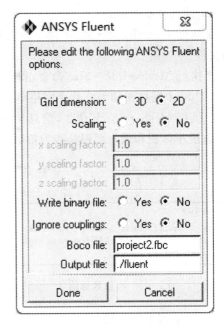

图 10-16　选择求解器面板　　　　　　图 10-17　ANSYS Fluent 对话框

# 10.5　Fluent 求解计算设置

（1）启动 Fluent-2D

① 双击桌面上的 Fluent 15.0 图标，进入启动界面，如图 10-18 所示。

② 选中 Dimension 中的 2D 单选按钮，其他保持默认设置，单击 OK 按钮进入 Fluent
15.0 主界面。

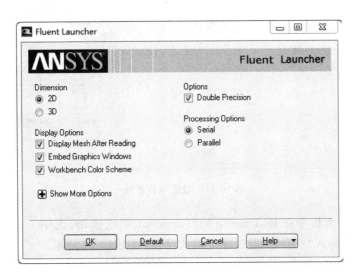

图 10-18　Fluent 15.0 启动界面

（2）读入并检查网格

① 执行 File→Read→Mesh 命令，在弹出的 Select File 对话框中读入 fluent. msh 二维网格文件。

② 执行 Mesh→Info→Size 命令，得到如图 10-19 所示的模型网格信息：共有 10201 个节点、20200 个网格面和 10000 个网格单元。

③ 执行 Mesh→Check 命令，信息如图 10-20 所示。可以看到计算域二维坐标的上下限，检查最小体积和最小面积是否为负数。

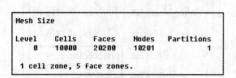

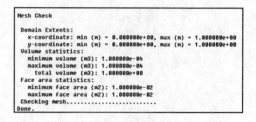

图 10-19　网格数量信息

图 10-20　Fluent 网格信息

（3）求解器参数设置

① 选择工作界面左边项目树 Solution Setup→General 选项，在出现的 General 面板中进行求解器的设置。

② 单击面板中的 Scale 按钮，弹出 Scale Mesh 对话框。在 Mesh Was Created In 下拉列表中选择 cm，单击 Scale 按钮，在 View Length Unit In 下拉列表中选择 cm，如图 10-21 所示，单击 Close 按钮关闭对话框。

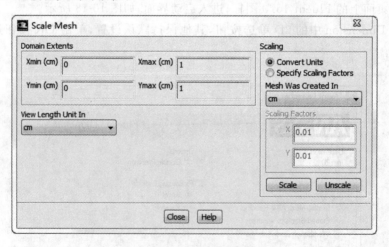

图 10-21　设置单位转换

③ 在 General 面板中选择 Time 下的 Transient 单选按钮，选中 Gravity 复选框，在 Y(m/s2)文本框中输入"－9.8"，其他保持默认设置，如图 10-22 所示。

④ 选择项目树 Solution Setup→Models 选项，在弹出的 Models 面板中对求解模型进行设置。

⑤ 在 Models 面板中双击 Energy－Off 选项，如图 10-23 所示，弹出 Energy 对话框，选

中 Energy Equation 复选框,如图 10-24 所示,单击 OK 按钮完成设置。

⑥ 双击 Solidification & Melting-Off 选项,打开 Solidification and Melting 对话框,选中 Model 下的 Solidification/Melting 复选框,如图 10-25 所示,单击 OK 按钮完成设置。

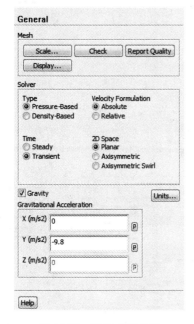

图 10-22　设置求解参数

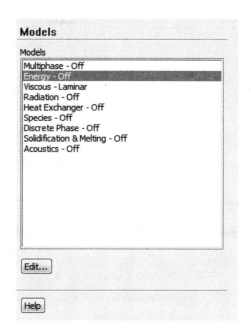

图 10-23　选择计算模型

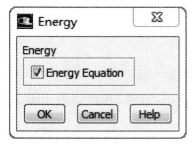

图 10-24　开启能量方程

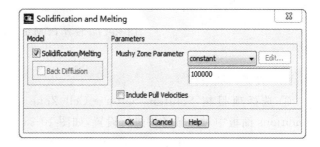

图 10-25　选择熔化凝固模型

(4) 定义材料物性

① 选择项目树 Solution Setup→Materials 选项,在出现的 Materials 面板中对所需材料进行设置,如图 10-26 所示。

② 双击 Materials 列表中的 Fluid 选项,弹出材料物性参数设置对话框。设置 Name 为 PCM,在 Density 下拉列表中选择 boussinesq,文本框中输入 890,Specific Heat(j/kg-k)为 1770,Thermal Conductivity(W/m-k)为 0.2,Viscosity(kg/m-s)为 0.001,Thermal Expansion Coefficient(1/k)为 0.00085,Pure Solvent Melting Heat(j/kg)为 190000,Solidus Temperature(K)为 315.15,Liquidus Temperature(K)为 315.15,如图 10-27 所示,单击 Change/Create 按钮,保存 PCM 的物性参数设置。

图 10-26　材料选择面板

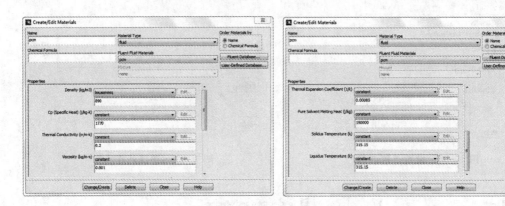

图 10-27　设置 PCM 的物性参数

（5）设置区域条件

① 选择项目树 Solution Setup → Cell Zone Conditions，选项，在弹出的 Cell Zone Conditions 面板中对区域条件进行设置，如图 10-28 所示。

② 选择 Zone 列表中的 pcm 选项，单击 Edit 选项，弹出 Fluid 对话框，在 Material Name 下拉列表中选择 pcm，如图 10-29 所示，单击 OK 按钮完成设置。

（6）设置边界条件

① 选择项目树 Solution Setup → Boundary Conditions 选项，在打开的 Boundary Conditions 面板中对边界条件进行设置，如图 10-30 所示。

② 双击 Zone 列表中的 bottom 选项，弹出 Wall 对话框，选择 Thermal 选项卡，选中 Thermal Conditions 下的 Temperature 单选按钮，在 Temperature(k) 文本框中输入 330，如图 10-31 所示。其他三个边界默认为绝热边界。

图 10-28　选择区域

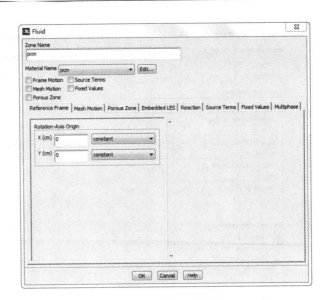

图 10-29　设置区域属性

图 10-30　选择边界

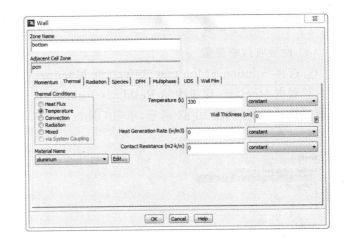

图 10-31　设置边界条件

# 10.6　求解计算

（1）求解控制参数

① 选择 Solution→Solution Methods 选项，在弹出的 Solution Methods 面板中对求解控制参数进行设置。

② 面板中的各个选项采用默认值，如图 10-32 所示。

（2）设置求解松弛因子

① 选择 Solution→Solution Controls 选项，在弹出的 Solution Controls 面板中对求解松弛因子进行设置。

② 面板中相应的松弛因子保持默认设置，如图 10-33 所示。

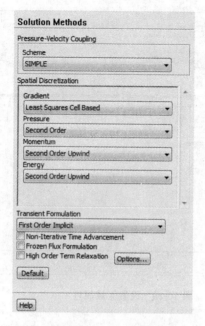

图 10-32　设置控制参数

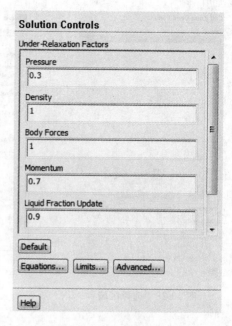

图 10-33　设置松弛因子

（3）设置收敛临界值

① 选择 Solution→Monitors 选项，打开 Monitors 面板，如图 10-34 所示。

② 双击 Monitors 面板中的 Residuals-Print，Plot 选项，打开 Residuals Monitors 对话框，保持默认设置，如图 10-35 所示，单击 OK 按钮完成设置。

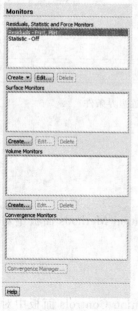

图 10-34　残差设置面板

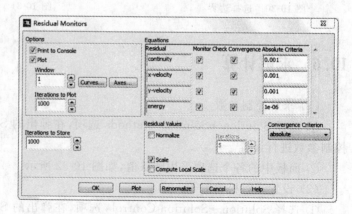

图 10-35　设置迭代残差

（4）设置流场初始化

① 选择 Solution→Solution Initialization 选项,打开 Solution Initialization 面板进行初始化设置。

② 在 Initialization Methods 下选中 Standard Initialization 单选按钮,在 Compute from 下拉列表中选择 all-zones,其他保持默认,单击 Initialize 按钮完成初始化,如图 10-36 所示。

③ 单击 Patch 按钮,弹出 Patch 对话框,在 Zones to Patch 列表中选择 pcm 选项,在 Variable 列表中选择 Temperature 选项,在 Value(k)文本框中输入 298.15,如图 10-37 所示,单击 Patch 按钮,完成设置。

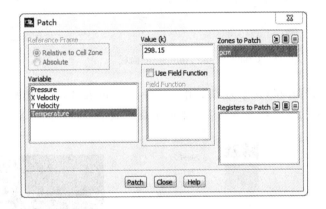

图 10-36　设定流场初始化　　　　　图 10-37　设定相变材料初始温度

（5）迭代计算

① 选择 Solution→Run Calculation 选项,打开 Run Calculation 面板。

② 设置 Time Step Size(s)为 0.1,Number of Time Steps 为 5000,其他保持默认设置。

③ 单击 Calculate 按钮进行迭代计算。

# 10.7　计算结果后处理

## 10.7.1　温度场

① 选择 Results→Graphics and Animations 选项,打开 Graphics and Animation 面板,如图 10-38 所示。

② 双击 Graphics 中的 Contours 选项,打开 Contours 对话框,如图 10-39 所示。在 Contours of 的第一个下拉列表中选择 Temperature 选项,单击 Display 按钮,显示温度云图,如图 10-40 所示。

③ 从温度云图可以看出,靠近热边界的相变材料最先熔化成液态,而液态相变材料的

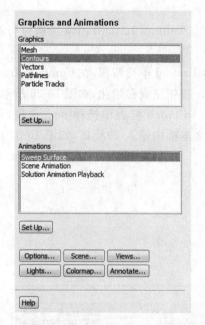

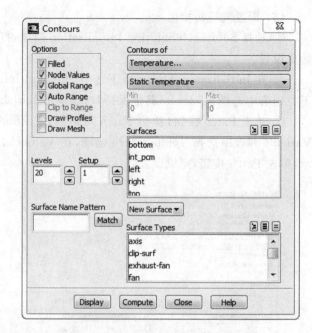

图 10-38　Graphics and Animation 面板　　　　图 10-39　设置温度云图绘制对话框

密度较小,在浮力的作用下上升,相应的温度较低的液态相变材料从两边下沉。因此,方腔内的温度场并不遵循自下而上逐步减小的趋势。

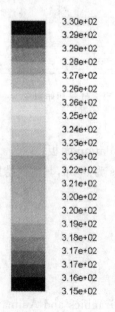

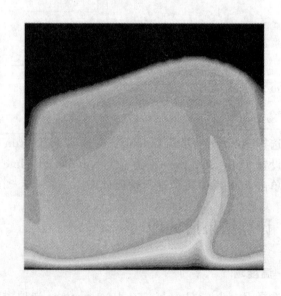

图 10-40　温度云图

## 10.6.2　速度场

① 在 Contours 对话框中的 Contours of 第一个下拉列表中选择 Velocity 选项,单击 Display 按钮,显示速度云图,如图 10-41 所示。

② 从速度云图中可以看出,液态相变材料由于温度的不同而引起密度的不同,出现了对流现象,并形成了两个较为明显的涡旋,这一现象在速度矢量图中同样可以观察到。

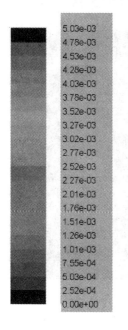
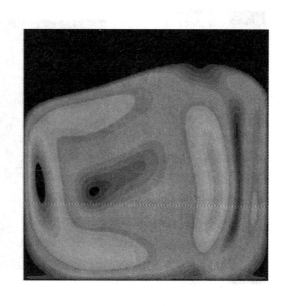

图 10-41　速度云图

### 10.6.3　速度矢量

在 Graphics and Animations 面板中双击 Vectors 选项,打开 Vectors 对话框,如图 10-42 所示,单击 Display 按钮,显示速度矢量图,如图 10-43 所示。

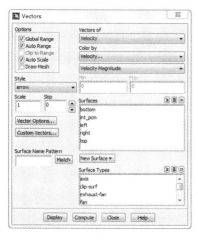

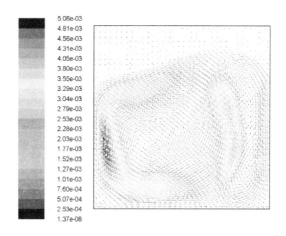

图 10-42　速度矢量绘制对话框　　　　　　图 10-43　速度矢量图

### 10.6.4　液相率

① 在 Contours 对话框中的 Contours of 第一个下拉列表中选择 Solidification/ Melting 选项,单击 Display 按钮,显示液相率,如图 10-44 所示。

② 从液相率图中可以看出,固液相的分界线呈现出中间高,两边低。因为温度较高的液态相变材料在中间向上方运动,导致中间温度较两边高,自然熔化的相变材料较多。

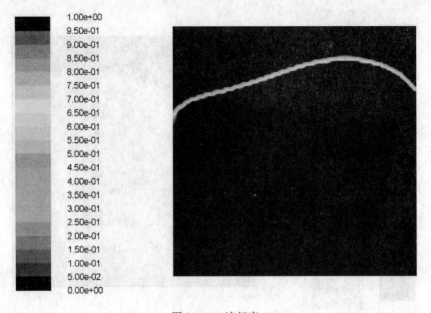

图 10-44　液相率

# 参 考 文 献

[1] 饶中浩,汪双凤. 储能技术概论[M]. 徐州:中国矿业大学出版社,2017.

[2] ZALBA B,MARIN J M,CABEZA L F,et al. Review on thermal energy storage with phase change:materials,heat transfer analysis and applications[J]. Applied Thermal Engineering,2003,23(3):251-283.

[3] 王婷玉. 水合盐微胶囊相变储能材料的制备及其热物性研究[D]. 广州:广东工业大学,2013.

[4] DINCER I,ROSEN M. Thermal energy storage:systems and applications[M]. New York:John Wiley & Sons,2002.

[5] LANE G A. Low temperature heat storage with phase change materials[J]. International Journal of Ambient Energy,1980,1(3):155-168.

[6] 曾翠华. 水合盐储能材料性能研究[D]. 广州:广东工业大学,2005.

[7] 田禾青. 水合盐低共熔相变储热材料的制备与研究[D]. 兰州:兰州理工大学,2013.

[8] 崔海亭,袁修干,侯欣宾. 高温熔盐相变蓄热材料[J]. 太阳能,2003(01):27-28.

[9] 张焘,张东. 无机盐高温相变储能材料的研究进展与应用[J]. 无机盐工业,2008,40(04):11-14.

[10] 尚燕,张雄. 储能新技术——相变储能[J]. 上海建材,2004,(6):18-20.

[11] 左远志,丁静,杨晓西. 中温相变蓄热材料研究进展[J]. 现代化工,2005,25(12):15-19.

[12] 魏高升,邢丽婧,杜小泽,等. 太阳能热发电系统相变储热材料选择及研发现状[J]. 中国电机工程学报,2014,(03):325-335.

[13] DELGADO M,LAZAR A,PENALOSA C,et al. Experimental analysis of the influence of microcapsule mass fraction on the thermal and rheological behavior of a PCM slurry[J]. Applied Thermal Engineering,2014,63(1):11-22.

[14] 张兴祥,王馨,吴文健,等. 相变材料胶囊制备与应用[M]. 北京:化学工业出版社,2009.

[15] HO C J,SIAO C R,YAN W M. Thermal energy storage characteristics in an enclosure packed with MEPCM particles:An experimental and numerical study[J]. International Journal of Heat and Mass Transfer,2014,73:88-96.

[16] QIU X L,LI W,SONG G L,et al. Fabrication and characterization of microencapsulated n-Octadecane with different crosslinked methylmethacrylate-based polymer shells[J]. Solar Energy Materials and Solar Cells,2012,98(0):283-293.

[17] JAMEKHORSHID A, SADRAMELI S M, FARID M. A review of

microencapsulation methods of phase change materials(PCMs) as a thermal energy storage(TES) medium[J]. Renewable & Sustainable Energy Reviews,2014,31: 531-542.

[18] LI W,SONG G L,TANG G Y,et al. Morphology,structure and thermal stability of microencapsulated phase change material with copolymer shell[J]. Energy, 2011, 36(2):785-791.

[19] KUZNIK F,DAVID D,JOHANNES K,et al. A review on phase change materials integrated in building walls[J]. Renewable & Sustainable Energy Reviews,2011, 15(1):379-391.

[20] 邹德球,肖睿,冯自平.石蜡乳状液潜热输送材料的研究进展[J].化工新型材料,2012, 40(1):39-40.

[21] 丽刘,亮王,王艺斐,等.基液为丙醇/水的相变微胶囊悬浮液的制备、稳定性及热物性 [J].功能材料,2014,45(1):1109-1113.

[22] GILBERT R,PACHECO J E. Overview of recent results of the Solar Two Test and evaluations program[R]. Office of Scientific & Technical Information Technical Reports,1999.

[23] HERRMANN U,KEARNEY D W. Survey of thermal energy storage for parabolic trough power plants[J]. Journal of Solar Energy Engineering,2002,124(2):145-152.

[24] 封红丽.2016年全球储能技术发展现状与展望[J].电气工业,2016,10:23-29.

[25] 杜贤武,刘刚锋,超陈,等.中低温相变储能技术研究与应用现状[J].武钢技术,2017, 55(4):57-62.

[26] 房丛丛,钱焕群.相变蓄热技术及其应用[J].节能,2011,11:27-30.

[27] 孟多.定形相变材料的制备与建筑节能应用[D].大连:大连理工大学,2010.

[28] 倪海洋,朱孝钦,胡劲,等.相变材料在建筑节能中的研究及应用[J].材料导报, 2014(21):100-104.

[29] KENISARIN M,MAHKAMOV K. Passive thermal control in residential buildings using phase change materials[J]. Renewable and Sustainable Energy Reviews,2016, 55:371-398.

[30] 张小松,迈夏,星金.相变蓄能建筑墙体研究进展[J].东南大学学报,2015,45(3): 612-618.

[31] 柯秀芳.热能储存技术及其在中小城镇电网电力调峰中的应用[J].小城镇建设, 2003(09):89-90.

[32] 张继皇,孙利,杨强,等.相变储能技术在谷电蓄热供暖中的应用研究[J].电力需求侧 管理,2016,18(2):26-29.

[33] 尹辉斌,郭晓娟,高学农.相变温控在电子器件热控制中的应用进展[J].广东化工, 2014(01):75-76.

[34] 伟周,芳张,王小群.相变温控在电子设备上的应用研究进展[J].电子器件,2007, 30(1):344-348.

[35] 吴建锋,宋谋胜,徐晓虹,等.太阳能中温相变储热材料的研究进展与展望[J].材料导

报 A,2014,28(9):1-9.

[36] SHARMA A,TYAGI V V,CHEN C R,et al. Review on thermal energy storage with phase change materials and applications [J]. Renewable & Sustainable Energy Reviews,2009,13(2):318-345.

[37] 张仁元.相变材料与相变储能技术[M].北京:科学出版社,2009.

[38] ZALBA B,MARN J M,CABEZA L F,et al. Review on thermal energy storage with phase change:materials,heat transfer analysis and applications[J]. Applied Thermal Engineering,2003,23(3):251-283.

[39] FARID M M,KHUDHAIR A M,RAZACK S A K,et al. A review on phase change energy storage:materials and applications[J]. Energy Conversion and Management, 2004,45(9):1597-1615.

[40] 盛强,邢玉明,王泽.泡沫金属复合相变材料的制备与性能分析[J].化工学报, 2013(10):3565 3570.

[41] ZHONG Y,GUO Q,LI S,et al. Heat transfer enhancement of paraffin wax using graphite foam for thermal energy storage[J]. Solar Energy Materials and Solar Cells, 2010,94(6):1011-1014.

[42] ZHANG Z G,FANG X M. Study on paraffin/expanded graphite composite phase change thermal energy storage material[J]. Energy Conversion and Management, 2006,47(3):303-310.

[43] LV P,LIU C,RAO Z. Review on clay mineral-based form-stable phase change materials:Preparation, characterization and applications [J]. Renewable and Sustainable Energy Reviews,2017,68:707-726.

[44] 霍宇涛,饶中浩,赵佳腾,等.低温环境下电池热管理研究进展[J].新能源进展, 2015(01):53-58.

[45] KENISARIN M M,KENISARINA K M. Form-stable phase change materials for thermal energy storage[J]. Renewable and Sustainable Energy Reviews,2012,16(4): 1999-2040.

[46] 张可达,徐冬梅,王平.微胶囊化方法[J].功能高分子学报,2001,(04):474-480.

[47] 杨超,张东,李秀强.相变材料微胶囊研究现状及应用[J].储能科学与技术,2014(03): 203-209.

[48] 袁修君.细乳液聚合法制备纳米胶囊相变材料研究[D].武汉:华东理工大学,2013.

[49] 杨小兰,袁娅,谭玉荣,等.纳米微胶囊技术在功能食品中的应用研究进展[J].食品科学,2013,(21):359-368.

[50] 张团红,胡小玲,乔吉超,管萍,郝明燕.纳米胶囊的制备方法与结构性能的研究进展[J].化工进展,2006(05):502-506.

[51] ZHAO C Y,ZHANG G H. Review on microencapsulated phase change materials (MEPCMs):Fabrication, characterization and applications [J]. Renewable & Sustainable Energy Reviews,2011,15(8):3813-3832.

[52] PONCELET D. Microencapsulation:Fundamentals, methods and applications[M].

Dordrecht:Springer,2006.

[53] 郭素枝.电子显微镜技术与应用[M].厦门:厦门大学出版社,2008.

[54] 干蜀毅.常规扫描电子显微镜的特点和发展[J].分析仪器,2000(1):51-53.

[55] 董建新.材料分析方法[M].北京:高等教育出版社,2014.

[56] 廖晓玲,周安若,蔡苇.材料现代测试技术[M].北京:冶金工业出版社,2010.

[57] 路文江,张建斌,王文焱.材料分析方法实验教程[M].化学工业出版社,2013.

[58] 师欢,王毅,冯辉霞,等.微胶囊相变材料研究进展[J].应用化工,2013(01):122-127.

[59] LIU C,RAO Z,ZHAO J,et al. Review on nanoencapsulated phase change materials:
Preparation,characterization and heat transfer enhancement[J]. Nano Energy,2015
(13):814-826.

[60] 卢寿慈.粉体技术手册[M].北京:化学工业出版社,2004.

[61] 蔡小舒,苏明旭,沈建琪.颗粒粒度测量技术及应用[M].化学工业出版社,2010.

[62] 黎兵.现代材料分析技术[M].北京:国防工业出版社,2008.

[63] 周玉,武高辉.材料分析测试技术[M].哈尔滨:哈尔滨工业大学出版社,2007.

[64] 熊伟.能量色散 X 射线荧光光谱仪的开发[D].南京:南京航空航天大学,2013.

[65] LIU S,YANG H. Stearic acid hybridizing coal-series kaolin composite phase change
material for thermal energy storage[J]. Applied Clay Science,2014,101:277-281.

[66] LU Z,XU B,ZHANG J,et al. Preparation and characterization of expanded perlite/
paraffin composite as form-stable phase change material[J]. Solar Energy,2014,108:
460-466.

[67] FANG Q,HUANG S,WANG W. Intercalation of dimethyl sulphoxide in kaolinite:
Molecular dynamics simulation study[J]. Chemical Physics Letters,2005,411(1-3):
233-237.

[68] RUTKAI G,KRISTÓF T. Molecular simulation study of intercalation of small
molecules in kaolinite[J]. Chemical Physics Letters,2008,462(4-6):269-274.

[69] 刘振海.热分析简明教程[M].北京:科学出版社,2012.

[70] 胡梵,陈则韶.量热技术和热物性测定[M].合肥:中国科学技术大学出版社,2009.

[71] 李俊虎.导热系数测量方法的选择与优化[C]. proceedings of the 第七届(2009)中国钢
铁年会,北京,2009.

[72] 闵凯,刘斌,温广.导热系数测量方法与应用分析[J].保鲜与加工,2005(06):40-43.

[73] 吴清良,赖燕玲,顾海静,等.导热系数测试方法的综述[J].佛山陶瓷,2011(12):
20-22.

[74] 应雄锋,沈宗华,董辉,等.导热系数测试方法浅析[C].第十五届中国覆铜板技术·市
场研讨会暨覆铜板产业协同创新国际论坛,东莞,2014.

[75] HEALY J J,DE GROOT J J,KESTIN J. The theory of the transient hot-wire method
for measuring thermal conductivity[J]. Physica B+C,1976,82(2):392-408.

[76] TIAN F, SUN L, MOJUMDAR S C, et al. Absolute measurement of thermal
conductivity of poly(acrylic acid) by transient hot wire technique[J]. Journal of
Thermal Analysis and Calorimetry,2011,104(3):823-829.

[77] WILSON A A，MUNOZ ROJO M，ABAD B，et al. Thermal conductivity measurements of high and low thermal conductivity films using a scanning hot probe method in the 3omega mode and novel calibration strategies[J]. Nanoscale，2015，7(37):15404-15412.

[78] 于帆,张欣欣.热带法测量材料导热系数的实验研究[J].计量学报,2005(01):27-29.

[79] HUANG P,PICKERING S G,CHANG W S,et al. Thermal diffusivity measurement of Phyllostachys edulis（Moso bamboo）by the flash method[J]. Holzforschung，2017,71(4):349-354.

[80] KLEINER F，POSERN K，OSBURG A. Thermal conductivity of selected salt hydrates for thermochemical solar heat storage applications measured by the light flash method[J]. Applied Thermal Engineering,2017,113:1189-1193.

[81] ANIS-UR-REMAN M，MAQSOOD A. Measurement of Thermal Transport Properties with an Improved Transient Plane Source Technique[J]. International Journal of Thermophysics,2003,24(3):867-883.

[82] GUSTAFSSON S E. Transient plane source techniques for thermal conductivity and thermal diffusivity measurements of solid materials [J]. Review of Scientific Instruments,1991,62(3):797-804.

[83] GUSTAVSSON M，KARAWACKI E，GUSTAFSSON S E. Thermal conductivity, thermal diffusivity,and specific heat of thin samples from transient measurements with hot disk sensors[J]. Review of Scientific Instruments,1994,65(12):3856-3859.

[84] HE Y. Rapid thermal conductivity measurement with a hot disk sensor [J]. Thermochimica Acta,2005,436(1-2):122-129.

[85] CAHILL D G. Thermal conductivity measurement from 30 to 750 K:the 3ω method [J]. Review of Scientific Instruments,1990,61(2):802-808.

[86] LU L，YI W，ZHANG D L. 3ω method for specific heat and thermal conductivity measurements[J]. Review of Scientific Instruments,2001,72(7):2996-3003.

[87] LV P,LIU C,RAO Z. Experiment study on the thermal properties of paraffin/kaolin thermal energy storage form-stable phase change materials[J]. Applied Energy,2016,182:475-487.

[88] 李余增.热分析[M].北京:清华大学出版社,1987.

[89] 陈镜泓,李传儒.热分析及其应用[M].北京:科学出版社,1985.

[90] 马骏,张玲,方超,等.影响热重分析仪测试的几种因素及解决方法探讨[J].实验科学与技术,2013(04):338-340.